食品加工技術概論

編者
高野克己
竹中哲夫

恒星社厚生閣

著者紹介

＜編・著者＞
高野克己（たかのかつみ）：東京農業大学　応用生物科学部生物応用化学科　教授
竹中哲夫（たけなかてつお）：玉川大学　名誉教授

＜著者＞（50音順）
池戸重信（いけどしげのぶ）：宮城大学　名誉教授
井筒　雅（いづつただし）：東京聖栄大学　健康栄養学部食品学科　教授
内野昌孝（うちのまさたか）：東京農業大学　応用生物科学部生物応用化学科　教授
大久長範（おおひさながのり）：宮城大学　食産業学部　特任教授
川嶋浩二（かわしまこうじ）：前 聖徳大学　人間栄養学部人間栄養学科　教授
菊池修平（きくちしゅうへい）：東京農業大学　応用生物科学部　非常勤講師
鈴木　功（すずきいさお）：日本大学　名誉教授
鈴木公一（すずきこういち）：日本大学　生物資源科学部食品生命学科　専任講師
鈴木敏郎（すずきとしろう）：東京農業大学　農学部畜産学科　教授
竹永章生（たけながふみお）：日本大学　生物資源科学部食品生命学科　教授
筒井知己（つついともみ）：東京聖栄大学　健康栄養学部食品学科　教授
陶　慧（とうけい）：日本大学　生物資源科学部食品生命学科　専任講師
永井　毅（ながいたけし）：山形大学大学院　農学研究科　教授

まえがき

我々の身の回りには，様々な食品が溢れている．しかも，食品メーカーは消費者や流通のニーズに応えるため，毎年数多くの商品を開発し，改善を加えている．その結果，スーパーマーケットやコンビニエンスストアー等の商品棚には，毎月のように新商品が所狭しと並ぶことになる．消費者は食品の購入に当たり，価格，美味しさ，量，便利さ，健康機能，安心及び信頼等様々な要因を総合的に判断している．また，その判断理由は年齢，性別および所得等の購入者の立場や季節，天候や気温によって変化する．

食品作りやその販売は，単に食を供給するだけでなく，これらの様々なニーズや状況を理解し，食品開発や販売の戦略を立てなければならない．さらに，食の原料を生産する農業，食品メーカー，食品流通企業は協働して，食に対するその時代ニーズを満足させると共に，消費者に対し食や食品に関する正しい情報を提供し，消費者との信頼関係を構築することが求められている．まさに，食品産業は知識集約型の産業と言えるだろう．

本書は，将来の人類に健康的な食生活を提供する農学，栄養学分野の大学生をはじめ，食品の開発，販売，教育に携わる人たちに，食づくりの基礎となる知識，先人達が英知を傾け工夫を凝らして完成させた食品加工技術と心を伝えることを目的にまとめた．執筆には，大学で食品に関する科学，技術や流通，安全に関して，研究し教鞭を取っている現職の教員が担当している．食品の加工に関する最新の情報を織り交ぜながら，知っておかなければならない基礎に重点を置いた．科学技術の革新が急速に進む現在，最新の知識もすぐに古くなる．最新の科学技術も先人達が築き上げた延長上に成り立っている．まさに温故知新，最新知識を理解するためには基本を知ることが重要である．

「食」は人の健康，すなわち人の幸せな生活を築くためにある．この言葉を，全ての食に関する職業につく者は，肝に銘じなければならない．また，食を正しく理解するためには，その源が生物体であること，命とそれを育む環境が大切であることを理解する必要がある．さらに，食品の原料の生物は化学物質で構成され，その化学物質によって人は命と体を維持していること，その化学物質の摂取量は過少でも過大でも，栄養失調，栄養過多等の問題が発生すること，食品が変質や腐敗すること等，基本中の基本であるが忘れてはならないことである．

食品づくりに関する科学技術を理解するためには，生物学，化学，生物化学の基本的知識は欠くことができない．本書は，これらの知識についても配慮して執筆，編集を進めたが，ページ数の制約から基本的な記述に留めたことをお詫びしたい．執筆者一同，本書の内容だけで満足せず，関連の知識にも興味を持って学ぶことを大いに期待する．

最後に，多様な考えを持つ現職の大学教員の意見と気持ちを最大限に理解し，わがままを許してくださった株式会社恒星社厚生閣佐竹あづさ氏に心から感謝申し上げる．

平成20年10月

編者を代表して　高野克己

目　次

1

食品製造の意義と位置づけ

1章　食品製造の意義と位置づけ

食品は食塩等数種を除き，その原料は動植物や微生物の営みによって生まれる．収穫された青果物，穀類，イモ類，豆類や卵では呼吸作用によって生命が維持され，生命活動を失った肉や魚では内在する酵素の作用によって成分が分解・変化し経時的に品質が低下する．また，あらゆる食品は，微生物の増殖による腐敗，成分の物理的，化学的変化にさらされている．食品製造の大きな目的として，①品質低下や腐敗から食品を守る，②地理的，季節的，時間的な偏在性を排除，③貯蔵性・保存性，輸送性，簡便性，安全性や商品性の付与，④新しい食品の開発，創造，⑤資源の有効利用，等が挙げられる．

1・1　食品と健康

我々の身の周りには多くの食品がある．食品は人の健康を維持するための栄養成分を含むと共に，人間の健康を害さないこと，すなわち安全であるという2つの条件を満たさなければ『食品』と呼ぶことはできない．

しかし，個々の食品がこの2つの条件を満たしたとしても，人が健康になれる訳ではない．このことは，わが国をはじめ先進国と呼ばれる国々で，飽食による生活習慣病の増加していることからも明らかだ．当然，食事内容が大きく様変わりし，米・魚中心から畜肉・油脂の摂取量が大きく増加し，摂取カロリーも高くなった（図1-1，1-2）．

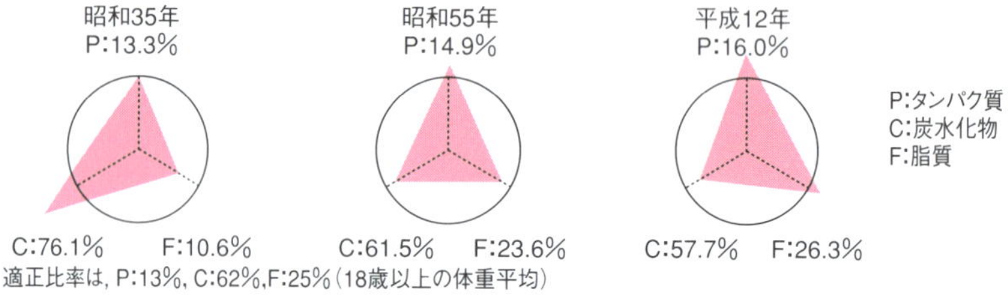

図1-1　食料と人間の関係

図1-2 わが国における食事内容の変化　農林水産省HP資料

この間，肥満，高血圧症，心疾患，ガン等が増加し，死亡原因の約60%が脳卒中，心臓病，ガン等による生活習慣病に起因するものが過半数を占めるようになった．

すなわち，食品そのものばかりでなく，食事の内容，食生活のあり方が健康に大きな影響を及ぼすことが知られるようになった．このため，食事内容の見直しが進められ，食事バランスガイド（図1-3）を使った啓発活動が行われようになっている．

食品を生産，加工，販売等食のサービスを提供する企業には，品質のよい食品を提供するばかりでなく，食の在り方を啓発する活動が求められる時代となった．

1・2　農業革命と食料の確保

人類は約1万年前の農業革命によって，自らの手で動植物を育て，栽培し食料を生産する手段を得ることができた．太古の時代に野生の動植物を採取し食料として生命を維持しきた人類は，農業革命によって食料の獲得が容易となった．これにより，食料確保に要する時間の短縮により生じた時間的余裕が，人類の文明や文化の発展を進める大きな要因となった．まさに，農業革命は動物のヒトを人間に変えるきっかけとなり，安定な人間社会を築く基盤作りに大きく貢献した．

このことからも，食品を生産し提供する農業を含めた食品産業の社会的役割とその重要性が理解できる．

1・3　食品の保存法の発見

農業革命によって食料確保が容易になった後も，人類にとって食料を得るための苦難の道は長く続いた．一時期に収穫される食料をいかに保存するか，食料を他の動物からどう守るか，微生物による腐敗をいかに防ぐか等，人間が手に入れた食料を奪う魔の手との戦いは今でも続いている．

初期段階の食料の保存には，乾燥，煮る・焼く，燻煙等が使われ，次に人間は塩漬けにより食品の保存性が高まることを発見した．肉，魚，野菜等の塩漬けは，人類を飢えの恐怖から救う画期的な食料の保存方法であった．

なお，砂糖漬けは，塩漬けよりも歴史が浅く，コロンブスがアメリカ大陸より持ち帰ったサトウキビの生産が普及し，砂糖が安価に手に入れられるようになってからの保存方法だ．又，塩や砂糖

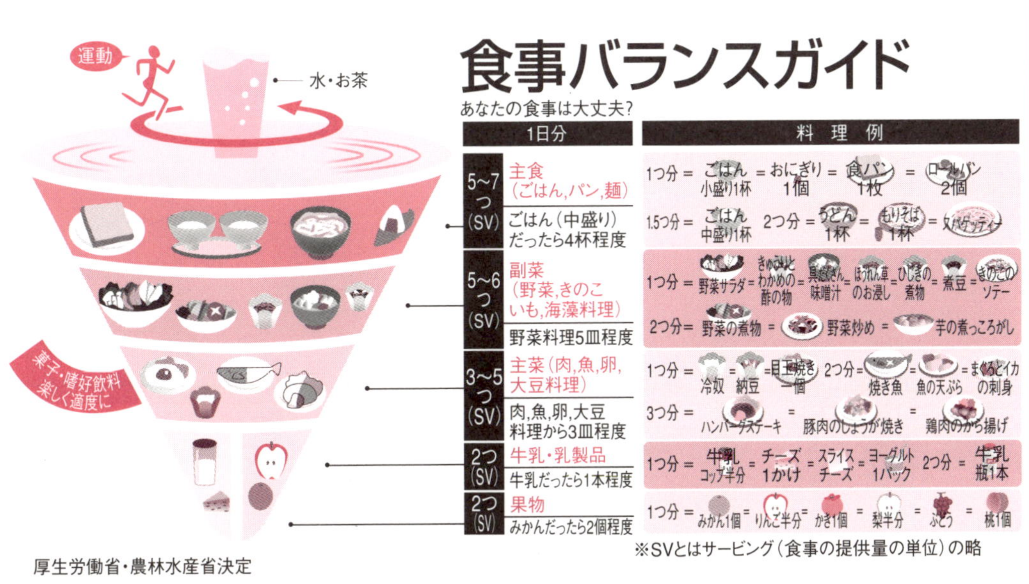

図1-3　食事バランスガイド

の他，様々な香辛料が肉や魚の保存性を高めること，食品を木の皮や植物の葉で包むと保存性が増すこと等を経験的に学習した．これらは，現在の保存料の利用や食品包装へと繋がっている．

1・4　缶詰と微生物 ～二人のフランス人の業績～

乾燥，火の利用，燻煙，塩漬け等は，偶然にその保存効果が発見され，長い年月をかけて経験的に確立し普及した．しかし，これらの方法は，完全に人類を食品の腐敗から解放した訳ではない．

人類を食品の腐敗との競争に有利に導いたのは，フランス人のニコラ・アペール（1749～1841）の業績である．アペールは1804年に密閉した容器に食品を入れて，高温で加熱すると食品を腐敗させず長期間保存できることを発見した．これが缶詰製造の原理の誕生である．アペールが開発した技術に科学的証明を与えたのは，同じくフランス人のルイ・パスツール（1822～1895）で，1861年，パスツールは60℃で，30分間でワインを加熱するとワインを腐敗させる微生物を殺すことができ，ワインが腐敗しないことを発見した．パスツールが発見した殺菌法は低温殺菌法と呼ばれ，現在も食品の殺菌法として使われると共に，他の加熱殺菌の基礎となっている．パスツールの研究により，食品の腐敗は微生物によって引き起こされ，発酵と腐敗は共に，微生物が増殖する現象であることが明らかにされた（図1-4, 1-5）．

1・5　保存技術の開発

アペールとパスツールの研究により，我々は食品を腐敗させる原因が微生物であり，加熱で微生物を殺すことによって食品が保存できる知識を得ることができた．煮る・焼くといった処理は，微生物を殺菌することになる．一方，乾燥・燻煙・塩漬け・砂糖漬け・酢漬け等の加熱殺菌以外の保存法は，微生物の増殖を止めることによって，食品の保存性を高めていることが知られている．

その他，冷蔵や冷凍技術，保存料の開発や耐熱性，柔軟性に優れ，酸素透過性の低い包装材の開発等をはじめ，20世紀の科学技術の進歩によって，食品を腐敗させることなく家庭へ届けることができるようになった．また，単に保存性だけでなく，調理済みの冷蔵・冷凍食品，レトルト食品，インスタント食品等，簡単な調理で食べることのできる食品が提供されている．

1・6　日本の食品製造技術の進歩

1）縄文から室町時代

弥生時代：馴れずしが誕生し，モチの加工や干物の製造が始まった．

奈良時代：遣隋使によって酢，酒がもたらされ，米酒が作られるようになった．味噌，醤油，お茶，こんにゃく，うどん（手延べ）が渡来した．

平安時代：初期には豆腐が渡来し，漬物が作られるようになり，後期に納豆が九州へ伝播した．

鎌倉時代：たまり醤油がつくられ，味噌・醤油

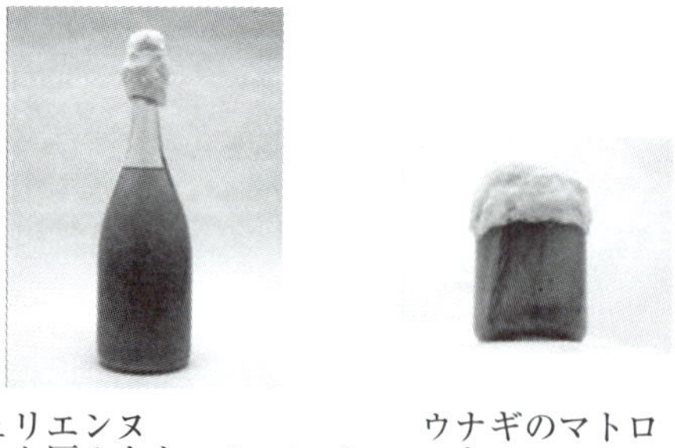

ジェリエンヌ
均一な厚みをもつシャンパンの瓶は耐久性に優れる

ウナギのマトロート

図1-4　アペールの技法によって作成した復元品

図1-5　パスツール

が調味料として使われ始める．

室町時代：うどん（切り麺）製造，茶の飲用が広がる．

2）安土桃山から江戸時代

安土桃山時代（戦国時代）：南蛮貿易によってカステラ，コンペイ糖や食品を油で揚げること等が渡来した．

江戸時代：参勤交代によって人と産物の交流が進む．各地で納豆が作られるようになり，うすくち醤油の製造（1666年），鰹節の焙乾法が発明された．元禄年間には酒，味噌，醤油等が店売りを始め，そば，にぎりずしの登場，屋台が発達した．

3）明治から20世紀前半

明治時代：開国によって諸外国の技術が導入される．1873年石臼式の小麦製粉機導入，1877年国産缶詰（サケ）製造，1890年大豆油製造の機械化，1900年製糖の機械化，1909年グルタミン酸ソーダが誕生した．

20世紀前半：1938年アルファ化米が販売され，戦時下のため代用食の研究が盛んになる．

4）20世紀後半

食品製造技術の確立：1951年に粉ミルクの製造が再開された．同製造には混合，ろ過，分離，乳化，殺菌，濃縮，噴霧乾燥，粉体処理，包装と食品加工に必要な過程が含まれ，本製造技術・装置はインスタント食品の開発の基本技術となった．

包装革命：1952年に魚肉ハム・ソーセージの生産が開始され，日本の伝統的な食品である「かまぼこ」の製造技術と，プラスチック包装を利用したものである．1960年ガス置換包装が実用化され，1968年この技術を応用した削り節パックが実用化された．

食の簡便化：1954年には凍結乾燥技術が導入され，1955年頃から冷凍食品が一般化した．1958年にインスタント食品の代名詞となった即席めんが発売され，その後1968年レトルト食品，1971年カップめん，1985年電子レンジ食品，1990年無菌米飯が発売された．

5）省エネ・省資源のための技術開発（1970年代後半から1980年代前半）

凍結粉砕，二軸エクストルーダー，膜利用技術等新たな食品加工技術の開発が行われた．

1・7　食品行政の変化

1）健康志向（1980年代後半から1990年代後半）

1991年に特定保健用食品が定められ，血圧や血清コレステロールの低下，腸の活性化，抗酸化性等の特定の効果を厚生労働省の認可で表示できることになった．

2）環境と安全（1990年代後半から現在）

環境負荷への軽減から食品容器のリサイクルへの関心が高まると共に，O-157病原性大腸菌による集団食中毒，BSE（牛海綿状脳症）の発生，残留農薬や偽装表示問題等，食の安全を揺るがす問題が起きた．

3）日本食の未来

わが国の平均寿命は世界でトップクラスであり，その秘密の一つが多様な食材を摂取する食生活にあると考えられ，日本食に対する関心が世界的高まっている．また，日本人が宇宙で生活することも現実化しつつあり，宇宙日本食の開発が行われている（図1-6）．宇宙環境では筋能力の低下，骨密度の低下等老化と同様の挙動を示すことから，日本食の健康効果が期待され

<コラム>日本の保存技術の歴史

わが国ではパスツールより約300年前の室町時代後期に，お酒の腐敗防止にパスツールが発見した加熱殺菌法とほぼ同じ火入れと呼ばれる方法が使われていた．

ている．食生活によるアンチエイジングや宇宙環境における食と健康の関係が明らかになることによって，食品が健康に果たす役割はますます大きくなる．

また，わが国の食料自給率は約40％で先進諸外国と比べ著しく低く．これは食料生産と食生活との実態に大きな開きがあるためであり，国内の食料生産を食生活に合わせるのではなく，食生活を食料生産の実態に合わせる努力も必要である（図1-7）．

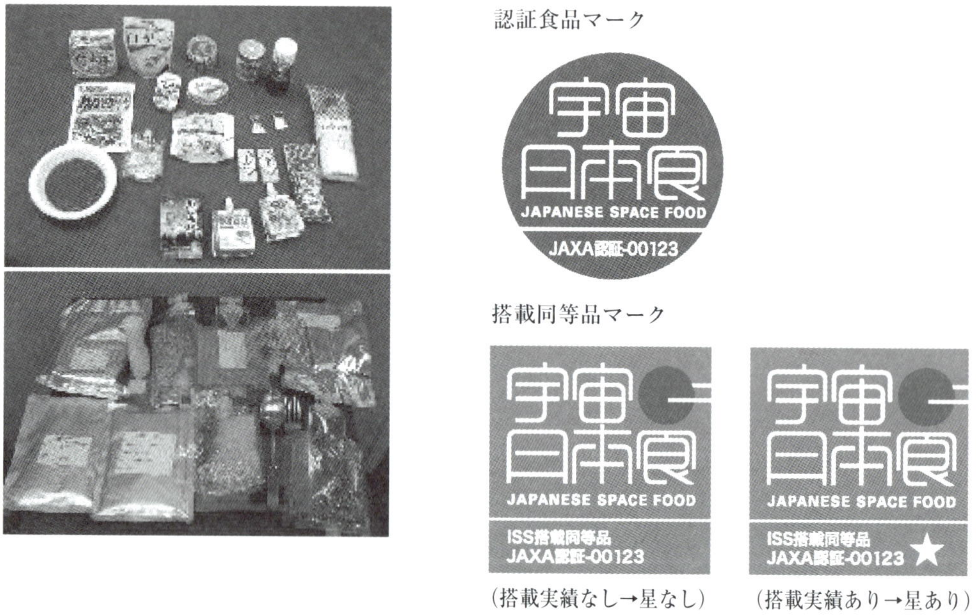

図1-6　宇宙日本食

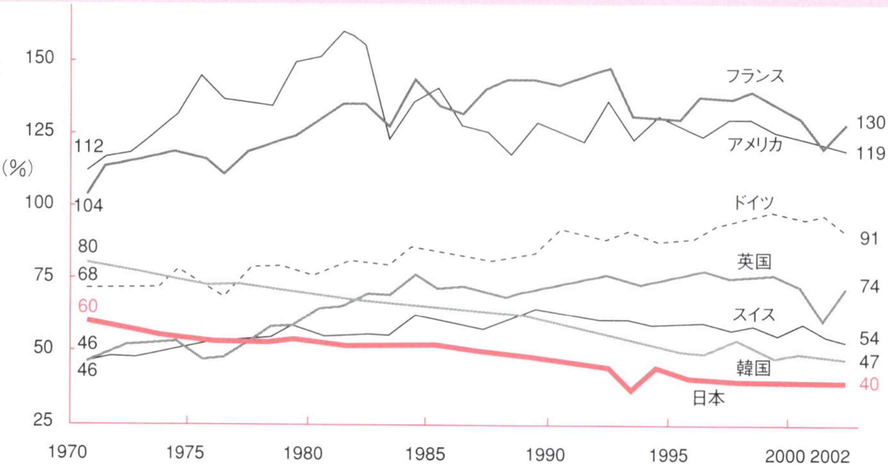

図1-7　先進国の食料自給率の変化

2

食品の変質

2章　食品の変質

食品は生物そのものやその生産物である．このため，食品の品質はそれ自身がもつ生物としての活性により変質し，又微生物はじめ他の生物による変質を受けやすい．この変質は次のように分けられる．1）微生物による腐敗や変敗．2）食品自体の生物活性の変化によるもので，呼吸による“しおれ”や発芽　3）食品中の酵素作用，水畜産物の自己消化による変化及び熟成　4）食品成分の化学的変化　5）害虫による品質劣化である．

2・1　微生物による腐敗・変敗

食品に微生物が増殖することにより，食品は変質する．食品の成分が微生物によって分解され，有害物質や不快臭が生成され，食用として耐えられなくなる現象を腐敗と呼ぶ．これに対して，風味や味覚が食用に耐えられなくなる現象を変敗という．しかし，実際には食品の中でタンパク質，炭水化物，脂肪等も同時に分解されていることが多いので，両者を区別することはできない．

2・1・1　腐敗微生物

食品の腐敗に関する微生物を腐敗微生物と呼んでいる．とくに細菌の場合を腐敗細菌と呼んでいる．腐敗微生物は微生物の分類学上のものではなく，その機能からみた呼称である（表2-1）．

2・1・2　微生物の増殖と環境要因

微生物は，食品中の栄養成分，温度，水分，pH，酸素等の増殖に適した条件で優先増殖し，条件に合わない微生物は劣勢化する．

1）栄養

食品に関係する微生物は増殖に有機物を必要とする従属栄養菌がほとんどであり，とくに腐敗微生物は炭素源，窒素源，無機塩類，ビタミン類等を必要とする．

2）温度

微生物は－10℃以下及び90℃の高温でも生存している．しかし，個々の微生物種では増殖し得る温度範囲はそう広いものではない．多くの細菌

表2-1　腐敗微生物の種類

	属	代表菌
グラム陰性菌	*Pseudomonas*	*Ps. fluoresecens*（蛍光菌），*Ps. aeruginosa*（緑膿菌）
	Achromobacter	*A. faecalis*
	Flavobacterium	
	Proteus（腸内細菌）	*Pr. vulgaris, Pr. morganii*（モルガン菌）
	Escherichia（腸内細菌）	*E. coli*（大腸菌）
グラム陽性菌	*Bacillus*（芽胞形成菌）	*B. subtilis*（枯草菌），*B. cereus*，*B. megaterium*
	Clostridium（芽胞形成菌）	*Cl. sporogenes*，*Cl. butyricum*（酪酸菌）
	Staphylococcus	*St. aureus*（黄色ブドウ球菌）
	Micrococus	

表2-2　微生物の増殖と酸素要求性

代表的な微生物		酸素に対する性質
偏性好気性菌	カビ類，酢酸菌，枯草菌，シュードモナス属菌	酸素の存在下でのみ増殖
通性嫌気性菌	腸炎ビブリオ，ぶどう球菌，酵母，セレウス菌，大腸菌	酸素の存在の有無にかかわらず増殖
偏性嫌気性菌	ウエルシュ菌，ボツリヌス菌，酪酸菌	酸素の存在しない条件下でのみ増殖

は25～40℃でよく増殖する．増殖できる最適温度の範囲によって，低温細菌，中温細菌，高温細菌に分けられる（図2-1）．

3）水分活性（Aw）

食品中の水分は，食品成分と結合している結合水と，食品成分と結合していない自由水があり，微生物が増殖に利用できる水は自由水である．微生物の増殖条件では，単に水分含量（%）より，自由水の割合を示す水分活性（water activity : Aw）を用いる，水分活性は次式で表し，P_0は純水の水蒸気圧，Pは同一温度において食品の示す水蒸気圧である．

$$Aw = P / P_0$$

各食品の水分活性と微生物の増殖の関係を示す（図2-2）．

4）酸素

高等動植物は呼吸のために酸素が必要であるが，微生物のなかには酸素があるとむしろ増殖できず，死滅してしまう菌もある．微生物は増殖時の酸素の要求度によって，3つに大別される（表2-2）．

5）pH

食品のpHは微生物の増殖に大きな影響を与える．多くの微生物はpH3以下あるいはpH10以上では増殖できない．各微生物の増殖できるpH範囲を示す（図2-3，10頁）．一般に，細菌や放線菌の増殖は中性から弱アルカリ性域，カビや酵母ではpH4.0～5.0の弱酸性域である．

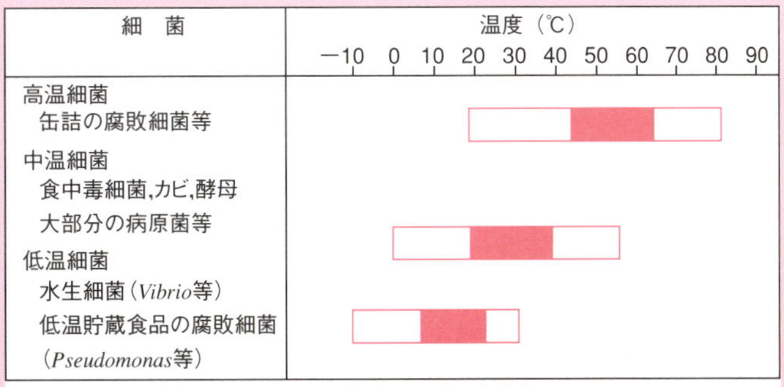

図2-1　微生物の増殖可能温度範囲

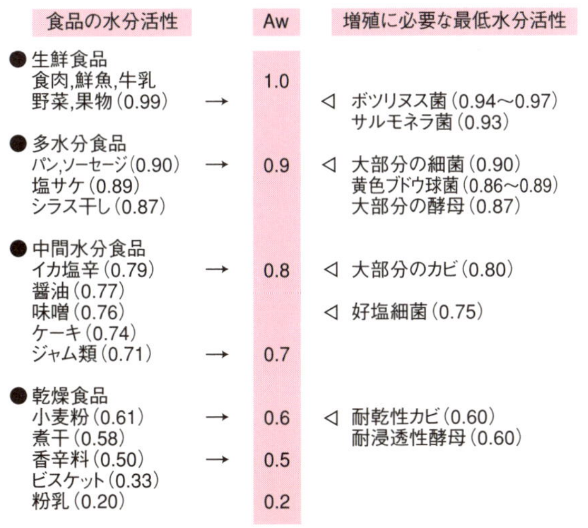

図2-2　食品の水分活性と微生物の増殖

2・1・3　腐敗による食品の劣化

1）におい

食品に微生物が増殖して腐敗すると，アミン臭，アンモニア臭，酪酸臭，アルコール臭，刺激臭，硫化水素臭，エステル臭等，一般に腐敗臭といわれる様々なにおいを発生する．これら腐敗臭を代表する化合物の閾値を示す（表2-3）．

2）色

食品の変色又は色素の生成も微生物によることがある．*Flaovbacterium*が食品中でカロテノイドやキノン系の色素を生成し，黄，褐，橙，赤色に食品を変色させるものが多い．*Peudomonas*は蛍光色素を生成する，食肉や肉製品の緑変は，微生物の生成する硫化水素が肉中のミオグロビンやヘモグロビンと反応して起こる．

3）味

米飯が腐敗すると，においとともに刺激的な味となることがある，これは増殖した微生物が産生する酢酸，乳酸，酪酸等で，炭水化物の多い食品に乳酸菌や*Clostridium*等嫌気性菌が増殖した場合に多くみられる．

4）軟化

タンパク性食品はタンパク分解菌により，デンプン性食品はデンプン分解菌により，青果物等はペクチン分解菌により食品の組織が軟化し，食品形態の異常変化を起こす．

5）ガスの発生

酵母，乳酸菌，嫌気性芽胞菌等は，食品中で増殖してガスを発生する．ガスは主として二酸化炭素，水素，窒素である．魚肉ソーセージや缶詰でみられる膨張は*Bacillus*等による亜流酸イオン（NO_2^-）の脱窒素が原因である．

6）ねと，糸引き

食肉，ソーセージ，ねり製品等の表面がねばねばした粘液状になる現象を“ねと”という．ねとの発生はカビや細菌の増殖によって起こる．ねとは菌体の集合体であったり，それら微生物の分解物である．ねとが多くなると強いにおいを発散する．パンの糸引きは，パン生地中の好気性芽胞菌，主として*Bacillus subtilis*が増殖したものである．納豆の粘質物はグルタミン酸のポリマーとフラクタンである．

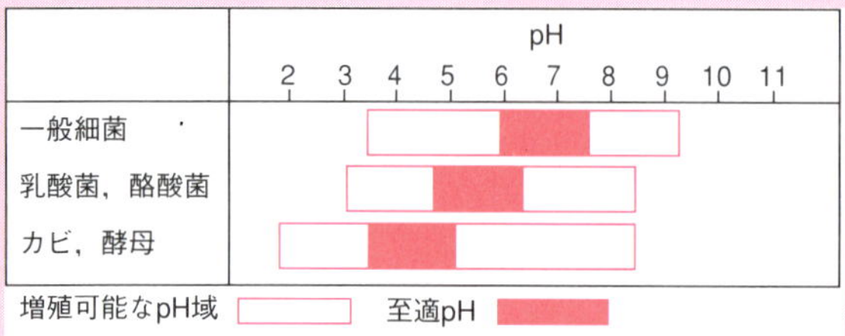

図2-3　微生物の増殖pH範囲

表2-3　腐敗臭物質の閾値

腐敗臭物質	閾値（mol）
アンモニア	2.14×10^{-8}
トリメチルアミン	5.01×10^{-9}
酢酸	8.71×10^{-7}
プロピオン酸	7.08×10^{-10}
カプリン酸	7.94×10^{-11}
酪酸	1.66×10^{-11}
メチルメルカプタン	3.24×10^{-10}
エチルメルカプタン	2.09×10^{-9}
硫化水素	1.9×10^{-10}
スカトール	1.29×10^{-11}

（中村ら，現代の食品化学，1985より（改作））

2・2 植物の生理作用による品質低下

2・2・1 呼吸と蒸散

穀類，イモ類及び青果物（果実・野菜），キノコ類等は植物本体から摘み取られたり，地中から掘り出された後も，植物器官は呼吸を続けている．この呼吸作用により生成したエネルギーの一部は体内に蓄積され生活作用に使われる．各種野菜の保蔵温度と生活作用を示す（表2-4）．呼吸により排出される二酸化炭素量を単位時間当たりで表した値が呼吸量（CO_2mg/kg/h）である．呼吸量の大きい場合は，成熟，蒸散，発芽，老化等の青果物の内外的変化も急速に進むことが多い．又，呼吸により青果物体内に蓄積していた糖類や有機酸等が分解されるので，呼吸量の大きい場合は，これらの成分の消耗や変化が大きい．リンゴやミカンを貯蔵しておくと酸が減少して味がボケるのもこのためである．さらに，呼吸量は野菜の種類により大きな差があり，又同じ野菜でも収穫時期や熟度により異なる．しかし，それ以上に環境温度による差が大きい．

したがって，呼吸量の大小が青果物の貯蔵性の指標となり，呼吸量の大きい時は青果物の鮮度低下が速く，又，低温では呼吸量は小さくなり，貯蔵性が高く，長持ちする．貯蔵温度と青果物の商品性保持期間の関係を示す（表2-5）．

表2-4 各種野菜の保蔵温度と生活作用

野菜の種類	温度（℃）	呼吸量CO_2排出量①（mg/kg/h）	ブドウ糖消費量②（mg/kg/h）	発熱量③（Kcal/t/h）
絹サヤエンドウ	1	18.8	12.8	47.9
	5	27.9	19.0	71.1
	10	33.7	22.9	85.9
	15	50.3	34.2	128.34
子持カンラン	1	14.1	9.6	36.0
	20	53.4	36.3	136.2
セロリー	1	13.9	9.5	35.4
	20	54.9	37.3	140.0
パセリ	1	33.0	22.4	84.2
	20	202.9	138.0	517.2

②＝①×0.68，③＝①×2.55　（静岡農試，1961を一部改作）

表2-5 各種青果物の貯蔵温度と商品性保持期間

青果物	商品性保持期間			包装
	1℃	7℃	20℃	
エンドウ	70日	32日	7日	
イチゴ	23	10	2	無孔ポリ袋（非密封）
ホウレンソウ	37	15	4	
セロリー	50	23	6	有孔ポリ袋
タイサイ	32	20	5	無孔ポリ袋（非密封）
ネギ	25	12	4	無孔ポリ袋（非密封）
アスパラカス	14	13	4	有孔ポリ袋
青ウメ	41	9	7	有孔ポリ袋
ビワ	21	22	13	有孔ポリ袋

2・2・2　果実の追熟

果実には収穫後に呼吸量が，時間の経過とともに徐々に低下した後，急激に上昇してピークに達し，その後再び減少するものがある．このような呼吸量の上昇をクライマクテリックライズという．このような呼吸のパターンを示す果実をクライマクテリック型と呼び，生育と老化の転換期になる．これに対して呼吸量が低下し続ける非クライマクテリック型がある（図2-4）（表2-6）．

クライマクテリック型の果実では，呼吸量の増大には通常エチレンガスの生成を伴う．エチレンは成熟ホルモンともいわれ，果実の老化を促進する働きがあるので，エチレンの多い環境におくと貯蔵性が損なわれる．

クライマクテリック型の果実を長期間貯蔵するためには，呼吸上昇前に収穫し，呼吸上昇を起こさないようにするのが原則である．低温，低酸素・高二酸化炭素濃度等がクライマクテリック制御の手段となる．バナナや西洋ナシでは，クライマクテリック前の未熟な時に収穫し，適当な条件で熟させると，果肉の軟化，着色が起こり，芳香がよくなり可食状態となる．

リンゴやトマトのように樹上でも，又収穫後でもクライマクテリックライズの現象がみられるものと，アボカドや西洋ナシのように収穫後はじめてこの現象を起こす果実もある．一方，これに反して，オレンジ，ミカン，レモン等の柑橘果実は樹上でのみ成熟し，クライマクテリックライズは起こらない．

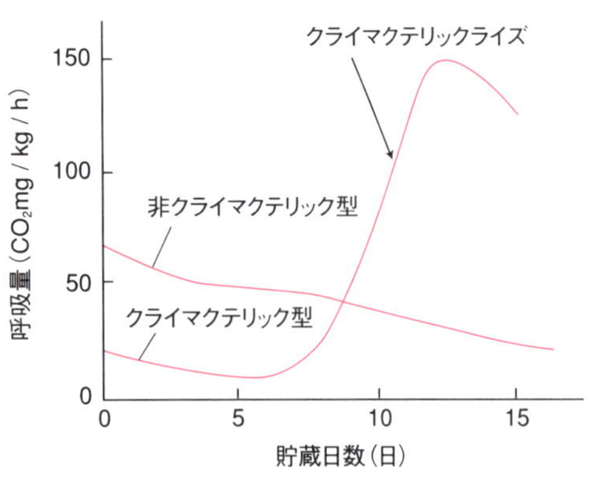

図2-4　収穫後の果実の呼吸型

表2-6　呼吸型による果実の分類

クライマクテリック型	非クライマクテリック型
アボカド	温州みかん
アンズ	オウトウ
ウメ	オレンジ
キウイ	グレープフルーツ
スモモ	夏みかん
西洋ナシ	パインアップル
バナナ	ブドウ
パパイヤ	ブルーベリー
マンゴー	レモン
モモ	キュウリ
リンゴ	ナス
トマト	

2・3　酵素作用

食品は生物に由来しているため，収穫後又は屠殺後も酵素活性をもっている場合が多い．貯蔵及び加工して食品とする間に，原料自体に含まれる各種の酵素とそれに付着した微生物の酵素作用によって，自己消化，酸化反応，褐変反応等が起こり，食品は劣化する場合が多い．

2・3・1　食品の劣化に関係する酵素

食品の劣化にはオフフレーバーの発生，外観の悪化，テクスチャーの変化，栄養価の低下等があげられる．食品の劣化に関係する酵素を示す（表2-7）．

1）ポリフェノール酸化酵素
（ポリフェノールオキシダーゼ）

ポリフェノールオキシダーゼはポリフェノール類を酸素の存在下で酸化しキノンを経て褐変物質を生成する．リンゴ，モモ，ジャガイモ，ヤマイモ等が切断，損傷されたりすると，これらの果実や野菜に存在しているポリフェノール物質が，空気中でポリフェノールオキシダーゼにより酸化されて，着色物質であるメラニンを生じる．紅茶の赤い色も本酵素の酸化による．このように本酵素が関与する褐変を酵素的褐変という．

2）L-アスコルビン酸酸化酵素
（アスコルビン酸オキシダーゼ）

L-アスコルビン酸（ビタミンC）を酸化してデヒドロ - アスコルビン酸を生成する酵素で，カボチャ，キュウリ等の野菜類に含まれる．これらの野菜組織に損傷を与えたまま保存すると，この酵素が作用しビタミンCの酸化損失をまねく．

3）ペクチン分解酵素

ペクチンは植物の組織間隙に存在し，細胞を保持し果実・野菜の肉質，硬度を左右する成分で，粘性を与え，食べた時の触感に大きな影響を与える．ペクチン質が分解すると，細胞壁の弱体化を招き，青果物組織の崩壊や果実の成熟による軟化のおもな原因となる．

4）タンパク質分解酵素（プロテアーゼ）

タンパク質を分解する酵素の総称．発酵食品では，これらにより独特の風味が醸し出されている．チーズの製造では，乳タンパク質の凝固，肉の熟成では，呈味（うまみ）性の向上，肉の軟化が引き起こされる．パパイアの酵素パパインは食肉の軟化，ビールの混濁防止に用いられる．

5）リポキシゲナーゼ

大豆，穀類，野菜，果物等多くの食品に存在する．それらの組織が損傷を受けた時，組織中のリノール酸，リノレン酸，アラキドン酸等の不飽和脂肪酸が酸化し，青臭い不快臭を生成する．さらにその時に生成する過酸化物がクロロフィルやカロテンの退色，脂溶性ビタミン類の破壊等を伴って食品を劣化させる．

表2-7　食品の劣化に関係する主な酵素

働　き	名　称	酸素の作用
炭水化物の変化	ホスホリラーゼ，ペクチン分解酵素	グリコーゲンの加リン酸分解，ペクチンの加水分解
タンパク質の変化	プロテアーゼ類	タンパク質，ペプチドの加水分解
脂質の変化	リパーゼ リポキシゲナーゼ	脂質の加水分解 脂肪酸の酸化，青豆臭の生成
核酸の変化	ミオキナーゼ，ATPアーゼ， デアミナーゼ，キサンチンオキシダーゼ	イノシン酸，イノシン，ヒポキサンチン等の生成
フレーバーの変化	ポリフェノールオキシダーゼ クロロフィラーゼ フレーバー酵素群	ポリフェノール類の酸化・褐変，クロロフィルの分解， ニンニク（アリイナーゼ），わさび（ミエオシナーゼ）等 の風味形成に関与
ビタミンの変化	チアミナーゼ アスコルビン酸オキシダーゼ	ビタミンB_1の分解 ビタミンCの分解

2・4　食品の加工：貯蔵による変化

2・4・1　タンパク質の変性

食品成分のタンパク質が熱，撹拌・泡立て等の物理的要因及び酸・アルカリ，有機溶媒等の化学的要因で構造が破壊され，その溶解性が減少し，析出，凝集，沈殿を引き起こして凝固する．酵素やホルモンのような生物活性をもつタンパク質ではその活性を失う．このような変化をタンパク質の変性と呼び，生じたタンパク質を変性タンパク質と呼ぶ．

1）タンパク質の熱変性

アルブミンやグロブリンは熱変性しやすく，肉，魚，卵等のタンパク質食品の加熱による変化は，これらのタンパク質が熱凝固したものである．卵白は58℃で白濁して凝固する．又肉や魚のグロブリン系タンパク質であるミオシンやアクチンは40～50℃で凝固する．

2）分子間架橋によるタンパク質の変性

かまぼこの粘弾性やパンの弾力性は加工工程中，食品中のタンパク質の構造が変化することにより生ずる．例えばかまぼこ製造の際，魚肉に食塩を加えてすりつぶすとすり身ができる．すり身はアクチンとミオシンが結合したもので，これを室温に放置すると次第に不溶化して，ゲル化する．

3）タンパク質と脂質の相互作用

手延べそうめんの製造工程の「厄（やく）」により，そうめん特有の歯切れのよい物性が生ずる．これは麺線に湿布した油が小麦タンパク質と結合することにより物性が変化して生ずる．

4）タンパク質に対するアルカリの作用による劣化

食品加工の分野で食品をアルカリ処理する際にタンパク質にリジノアラニン架橋が形成される．このような架橋の生成はタンパク質の消化性の低下及びリジンの非有効化につながり，栄養価が低下する原因となる．

2・4・2　デンプンの糊化・老化

デンプン粒（生デンプン）は，アミロースとアミロペクチンが部分的に規則的な配列をしてミセル構造を形成している結晶領域と非ミセル構造の非結晶領域よりなる．常温で吸水させても，ほとんど変化せず，可逆的な吸水や乾燥が可能である．

生デンプンに水を加えて，加熱するとデンプン粒は吸水し，デンプン粒の形が崩れ，半透明な粘りのある糊が生じる．これを糊化（α化）といい，このような状態のデンプンを糊化デンプン（α-デンプン）といい，炊きたてのご飯がこれに相当する．糊化デンプンを50℃以下の低温で放置すると，白濁し，硬くもろくなり，元の生デンプンの構造に近い状態に戻る．これをデンプンの老化と呼ぶ．このような状態のデンプンを老化デンプン（β-デンプン）といい，冷えたご飯がこれに相当する(図2-5)．

老化によってデンプンを含む食品は嗜好性が低下し，消化性も悪くなる．一般に60℃以上の温度で糊化が始まり，低温で老化が始まる．又低温ほど老化速度は大きく5℃付近で最大となる．凍結すると老化は止まる．

老化には水が必要であり，水分含量30～60％で最も老化しやすい，水分含量10～15％では老化は起こらない．糊化後ただちに乾燥したインスタントラーメン，インスタント餅はこの例である．又，pHではアルカリ性，酸性では老化は起こりにくく，中性付近で最も起こりやすい．ショ糖，糖アルコールはデンプンの老化を遅らせる．

ぎゅうひや羽二重餅等がやわらかいのは，ショ糖や糖アルコールを多量にデンプンに加えることで，老化を遅らせているからである．

2・5　脂質の酸化

食用油，魚の干物のような油脂含有食品は，保存時に不快臭，苦味，着色，粘度の増加を生じ品質の低下や時には毒性物質を生ずる場合がある．こうした油脂の劣化現象を変敗又は酸敗（一般に酸を生成する）と呼ぶ．酸敗は油脂の酸化あるいは加水分解によるものが多い．油脂の酸化機構としては自動酸化，光増感反応，酵素による酸化，熱酸化等があるが，最も重要なのが自動酸化である．その他に高温での加熱劣化の原因となる熱酸化がある．

2・5・1　自動酸化

食用油を空気と接触させておくだけで，油は酸化される．この酸化は光，熱，金属等によりラジカルが生じ，これに空気中の酸素が結合して，ペルオキシラジカルとなる．さらにペルオキシラジカルは不飽和脂肪酸を酸化して自らはヒドロペルオキシド（過酸化物）になる．この反応は自己触媒的に反応が進行することから自動酸化という．ここで生成したヒドロペルオキシドは不安定で，さらに分解してアルデヒド類，アルコール類，ケトン類，酸類，エポキシド等を生成し，変敗，戻り臭，着色，毒性の発現等を引き起こす（図2-6）．

2・5・2　光増感（酸化）反応

植物油脂に混在するクロロフィルや食品に含まれる食品添加物（食用赤色色素）等の光増感物質が光に曝されると，高エネルギー状態（励起(れいき)状態）となり，共存する酸素を反応性の高い活性酸素に変え，これが不飽和脂肪酸を酸化し，さらに自動酸化の引き金となる．牛乳，ビールに起こる日光臭の生成や清酒の着色増加等の劣化現象はこの反応による．

2・5・3　酵素による酸化

リポキシゲナーゼは豆類や穀類をはじめ植物界に広く分布する酵素で，1,4 - シス，シス-ペタジエン（$-CH=CH-CH_2-CH=CH-$）構造を有する不飽和脂肪酸に作用して過酸化物を生成する．リポキシゲナーゼは大豆油を劣化するばかりでなく，青臭い不快臭となる化合物を生成するため，大豆加工上の問題となる．

2・5・4　熱酸化

油脂を高温で加熱した際の酸化速度は非常に速く，生成物もきわめて多様で，これを熱酸化と呼んで自動酸化と区別することが多い．酸化は過酸化物を生成するまでは自動酸化と同じであるが，高温であるために主要な反応は加熱による重合反応である．生成された過酸化物は高温のために，ほとんどが分解し，速やかに各種のカルボニル化合物や短鎖脂肪酸等の二次酸化生成物となり，やがて不快臭，泡立ち，着色，粘度の上昇，発煙等が観察される．

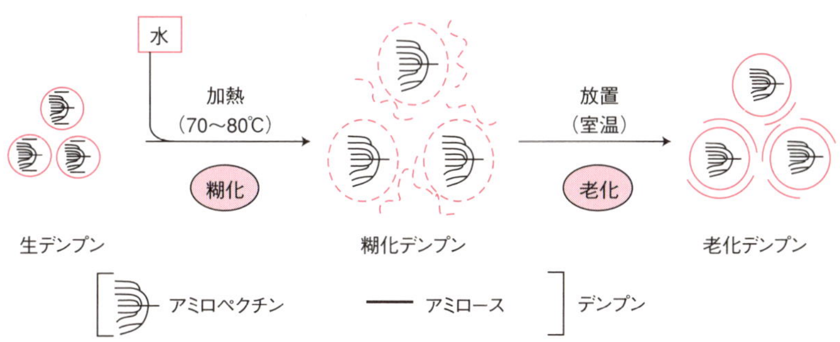

図2-5　デンプンの糊化と老化

2・6　食品成分の物理的変化

2・6・1　ハチミツの結晶化

ハチミツを低温の所に置くと，白く固まることがある．これは，ハチミツ中の糖類が結晶化するためだ．ハチミツは水分が少ない濃縮された状態であり，結晶化しやすい．温度が低くなればより結晶化しやすく，又，果糖よりブドウ糖の方が結晶化しやすいので，ブドウ糖の量が多いハチミツは結晶化しやすくなる．ショ糖や水分が多いハチミツは結晶化しにくい．結晶化は13～14℃の温度で最も速く進み，温めると結晶前の状態に戻る．ただしハチミツの結晶を溶かす時，温度が60℃以上になるとハチミツの色調が増し，香も失われる．

2・6・2　香の逸散

ヒトはにおいを鼻腔内の嗅粘膜にある嗅細胞を通じて感ずる．香気成分は一般に，カルボニル基，水酸基及びエステル等の官能基及び不飽和結合をもち，比較的低分子で，揮発性である．香気成分の閾値は呈味成分の閾値に較べて極めて低い．香気成分には，植物細胞中で直接生成したもの，植物組織が破壊された場合に酵素の作用によって生成したものがある．野菜及び果実の主な香気成分を示す（表2-8）．

1）植物性食品の香

野菜の香気成分はアルデヒド類，アルコール類及び含硫化合物等がある．脂質の酵素的酸化により生成する．果実のにおい成分は成熟につれてエステル類が酵素的に生成する．ラクトン類及びテルペン類等は植物の精油の主要成分である．食品を長期間保蔵した場合，元来食品に含まれていなかった不快臭が生じることがある．この不快臭をオフフレーバーという．古米や古い米糠及び大豆の臭気もオフフレーバーである．

2）動物性食品の香

新鮮な魚類のにおいは，あまり強くないが，鮮度が低下すると“生ぐささ”が生じる．海水魚の生ぐささは，ピペリジン，ジメチルアミン，トリメチルアミン及びアンモニア等である．新鮮魚はトリメチルアミニがほとんどないので鮮度の目安になる．

牛乳は殺菌のために加熱処理が施され，その際に香気成分が発生する．乳製品加工時に生成する新たな香気成分がある．醗酵バターの香気成分は乳脂肪によるもので，醗酵時に生成する酪酸，カプロン酸及びカプリル酸等である．

2・6・3　チョコレートのブルーム現象

チョコレートを長い間保存しておくと，チョコレートの表面に白い筋や斑点が浮き出てくることがある．この現象は，白い模様の様子が白い花のように見えることから「ブルーム（花）」と呼ばれる．その要因はチョコレートの内部からにじみ出てきた「カカオ脂」又は「砂糖」の結晶である．ブルーム現象の生じたチョコレートは，成分的には変化はない．ただし成分は同じでも，品質は大きく異なる．このブルームが生じるということは，チョコレートの組織が非常に劣化してしまったことを表す．したがってブルームの生じたチョコレートは口当たりが悪く，チョコレート本来の特性も大きく損なわれている．

2・7　害虫

害虫による貯蔵中の穀物の被害は，全世界穀物生産量の5～10%に達する．貯蔵穀物害虫による被害は，その穀物を生産するのにすでに多大の労力・経費が払われているから，そのことを考え合わせると，それは単純な被害とはその意味を異にしている．

2・7・1　貯蔵穀物害虫による貯蔵穀物の被害

害虫による悪変は，①異物としての悪変，②食害による穀物のいたみ，③間接的な穀物のいたみ（昆虫の発生によって生ずる熱，湿度，ガ類の薄膜形成等）がある．被害は，害虫の摂食による直接の減少量のみならず，虫の糞，つづり糸，死体等による汚染により商品性を失うことになる．貯蔵穀物等からは，そこで繁殖する害虫，いわゆる貯穀害虫が発見される．これらのほとんどが昆虫類で，その中でも甲殻類とガ類がほとんどである（表2-9，18頁）．又，穀類に寄生する微生物は30余種があり，フケ米菌，黒

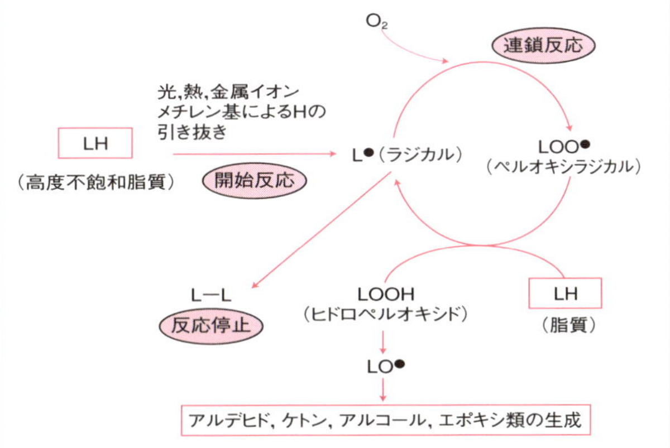

図2-6　脂肪の自動酸化

表2-8　野菜，果実の香気成分

野菜	香気成分
キュウリ	ノナジエノール，ノナジエナール
トマト	イソブチルアルコール，ゲラニルアセトン
ピーマン	イソブチルメトキシピラジン
キャベツ	ヘキセノール，ヘキセナール
タマネギ	ジプロピルジスフィド，チオプロパナールオキサイド
ダイコン	メチルチオブテニルイソチアシアナート
ワサビ	アリルイソチオシアナート
果実	香気成分
イチゴ	ヘキサナール，酢酸エチル，酢酸メチル
バナナ	オイゲノール，イソアミルアルコール，酢酸イソアミル，酢酸エチル
リンゴ	ヘキサナール，ヘキサノール，ヘキセノール
モモ	デカラクトン，ドデカラクトン
ブドウ	アンスラニル酸メチル
オレンジ	オクタナール，酢酸エチル，酢酸ブチル，リモネン，シトラール
レモン	酢酸ゲラニル，リモネン，シトラール

変米菌，黄変米菌等がある．これらの害虫，微生物の増殖には温度と水分の影響が大きい（表2-10，2-11）．

2・7・2　害虫被害の源泉と被害の伝播

害虫による被害がどこで，どのようにして始まるか，さらにどう伝播するかということは，害虫の被害を防止するうえで極めて重要である．貯穀害虫の伝播には，害虫が自ら作物が実るころに圃場に飛来する自動的なものと，人間によって運ばれる他動的なものの二つがある．後者の伝播の役割が極めて大きく関係している．

害虫は圃場で産卵し，やがて被害は圃場から始まり，貯蔵所に及ぶ．さらに穀物を輸送する船舶や貨車，倉庫では，すでに加害された食品が貯蔵され搬出後に残された屑やごみが新しく搬入された食品に被害を伝播していく．

表2-9　貯蔵食品とおもな害虫

食　品	害　虫
穀粒	コクゾウ，コナガシンクイ，ココクゾウ，バクガ，ノコギリヒラタムシ
粉類	ノシメマダラメイガ，スジコナマダラメイガ
豆類	マメゾウムシ類，シバンムシ
パン・ビスケット類	タバコシバンムシ，ノシメマダラメイガ，コクヌストモドキ
乾燥果実	ノシメコクガ，ノコギリコクヌスト
乾燥魚	カツオブシムシ類
砂糖	サトウダニ
キノコ	コキノコムシ

表2-10　貯蔵温度と微生物及びコクゾウの繁殖数

温度（℃）	0	3〜5	10	15	20	25	30
細菌（数）/米 1粒		20,400	56,520	60,680	11,800	7,840	3,040
カビ（数）/米 1粒	20	40	40	40	220	880	3,300
コクゾウ（数）60日			0	0	232		1,660
180日			0	49	1,927		5,550
300日			0	167	3,824		10,736
360日			0	180	6,502		11,988

15℃区のみ100匹，他は50匹

（農学大辞典，p.1571，養賢堂，1975）より改作

表2-11　水分含量とコクゾウの繁殖数

水分（%）	10	11	12	13	14	15
繁殖数（匹）	70	130	214	238	281	948

繁殖期間：90日

（桜井ら：食品保蔵，P99，朝倉書店，1968）

3

保蔵・加工の原理

3章　保蔵・加工の原理

食品の保蔵・加工は，人類誕生以来無数の人々が営々として築き上げ，伝承してきた技術である．保蔵・加工は，食品の劣化を防止し，ある期間品質を維持した状態で保存することであり，そのために天然物に手を加え，これを変更して新たな食品を作り出すことを意味している．19世紀中頃からは，従来の経験的知見に加えて科学的知見が活用され，今日の高度な保蔵・加工技術が構築された．本章では保蔵・加工技術の原理を理解する．

3・1　温度の制御による方法

食品を低温に保つ目的は，微生物や酵素による品質劣化を抑制することであり，特に生鮮食品を長期間保存するために，冷蔵・冷凍貯蔵が広く普及している．

食品の温度を下げることにより，保存期間は延長されるが，果実や野菜では変色，テクスチャーの軟化等の低温障害を起こすものがある．又，さらに温度を低下して凍結した場合，氷結晶の成長，その結果生ずる細胞破壊等により，大幅な品質劣化を起こすことが多い．したがって，冷蔵，冷凍及び解凍に関連する技術の大部分は，食品の品質を劣化させずに長期間，経済的に保存する方法の確立に向けられている．

3・1・1　温度帯

食品の貯蔵温度については，科学技術庁資源調査会が1965年に，次のような3つの温度帯を指定した．

① 冷蔵（cooling又はcold）：10～2℃

② 氷温冷蔵（chilling）：2～－2℃

③ 冷凍［凍結貯蔵］(freezing)：－18℃以下

その後，スーパーチリング，パーシャルフリージング等の温度帯が提唱され，それらもあわせ示す（図3-1-1）．

スーパーチリングは，0～－5℃の温度帯での貯蔵である．0℃以上の冷蔵では貯蔵限界期間が短すぎること，及び－18℃以下の凍結貯蔵では，貯蔵限界期間は十分であるが，耐凍性の低い食品の品質劣化が著しいこと等の理由から提案された．又パーシャルフリージングは，食品の凍結点（－2℃）よりやや低い温度域（－3～－5℃）での貯蔵であり，貯蔵性がよく，氷結晶成長による品質

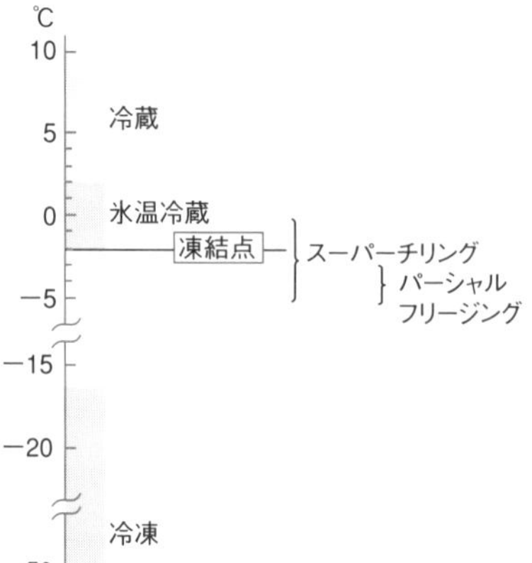

図3-1-1　食品の低温貯蔵に用いられる温度域と名称

劣化が少ないという．生鮮魚の生きの良さを保持する貯蔵法として開発された．

3・1・2　低温障害（low temperature injury，chilling injury）

熱帯あるいは亜熱帯原産の果物や野菜の中には，冷蔵することで表皮や内部の変色，ピッティング（表皮の小陥没），腐敗の促進（微生物に対する耐性の低下）等を招き，低温で貯蔵性が悪くなる現象がある．このように，凍結点より高い0～15℃程度の温度で起こる生理的障害を低温障害という（表3-1-1）．バナナやナスを冷蔵庫に入れると褐変するのは典型的な例である．

しかし，青果物によって低温でも低温障害が発生するまでの間が長いものもあるので，その範囲内であれば低温に置くほうが鮮度保持によい．

低温障害が発生する機構は，学説として，膜変性説，原形質流動の異常説，毒性物質蓄積説，代謝異常説等が提案されているが，十分に解明されていない．しかし，低温に感受性の高いサツマイモ，トマト，キュウリ等は，細胞膜に結合した酵素（特に呼吸酵素）の活性が低温領域で急激に低下し，エネルギーの供給が不足することが知られている．

3・1・3　予冷（precooling）

食品を冷蔵倉庫や保冷車等へ収納する前に，食品を所定の温度まで冷却する操作が予冷である．特に野菜や果実等では，収穫直後に迅速に冷却した後輸送や貯蔵施設に移すことが品質維持のために必要である．

予冷は，輸送や貯蔵のための設備とは別個の独立した設備で行うのが一般的である．予冷により，冷蔵倉庫や保冷車等のエネルギー負荷を軽減し，食品の搬入に伴う庫内温度の上昇を最小限に抑え，経済的に品質を維持できる．

冷却の方式により，空気予冷（air cooling），冷水予冷（hydro cooling）及び真空予冷（vacuum cooling）に分けられる．又，予冷ではないが，冷蔵手段として氷冷却（icing）も行われる．

3・1・4　冷蔵・冷凍

通常，予冷した食品は冷蔵又は冷凍して貯蔵する．一般に，凍結開始温度以上（－2～10℃）での冷却貯蔵を冷蔵と呼び，－18℃以下の温度の場合には冷凍と呼んでいる．冷蔵設備は大きいものから順に，商業用冷蔵庫，業務用冷蔵庫，家庭用冷蔵庫に分類される．冷凍は腐敗しやすい食品を長期間貯蔵できる優れた技術であるが，食品中の水分が液体から固体になる相変化と体積変化を伴うことから解決すべき課題も多い．

1）凍結法

空気凍結室（air freezing room）：凍結室内に冷却管を棚状に組み，その上に食品を乗せて凍結する方法．食品からの熱伝達は，冷却管に接触する部分以外では，冷たい空気との間で行われるので凍結速度は遅い．

送風凍結装置（air-blast freezer）：トンネル状の凍結室で食品を移動させ，－30～－40℃の

表3-1-1　青果物の低温障害を起こす温度とその症状

種　類	科　名	温度（℃）	症　状
カボチャ	ウリ	7～10	内部褐変，腐敗
スイカ	ウリ	4.4	内部褐変，不快臭
サツマイモ	ヒルガオ	10	内部褐変
トマト（未熟果）	ナス	12～13.5	追熟不良，腐敗
ピーマン	ナス	7.2	ピッティング，蔕と種子の褐変
アボカド	クスノキ	5～11	追熟不良，果肉の変色
グレープフルーツ	カンキツ	8～10	ピッティング
バナナ	バショウ	12～14.5	褐変，追熟不良
パインアップル	パインアップル	4.5～7.2	果芯部黒変，追熟不良
リンゴ（一部の品種）	バラ	2.2～3.3	内部褐変，ヤケ

冷風を3～5m/sの速さで吹きつけて急速に凍結する方法．又空気冷却の場合，凍結室内に送風機をつけて空気を攪拌する半送風凍結法もある．

金属板接触凍結装置（contact freezer）：冷却した金属板で食品をはさみつけて凍結する方法．特に小さい角型の食品の場合凍結速度が速い．

浸漬凍結装置（brine immersion freezer）：塩化カルシウム，塩化マグネシウム等の塩水をブライン（brine）といい，これを冷却し，その中へ食品を浸漬して急速に凍結する方法である．不凍液として，エチルアルコール，プロピレングリコール，エチレングリコール等の水溶液を使用することもある．浸漬凍結法の場合，冷媒が食品に付着するので，あらかじめ食品を包装しておく必要がある．

バラ（散）凍結（individual quick freezing：IQF）：枝豆，グリーンピース，スイートコーン，賽の目に切ったニンジンやフルーツ類等，小形の食品をバラバラの状態で急速凍結する．そのままあるいは形状を整えてブランチングした後，ネットコンベアーに乗せ，下から－40℃の冷風を吹き上げて個体を10分程度の短時間で凍結する．

2）凍結と解凍

凍結と解凍は正負の相反する伝熱現象で，凍結－解凍曲線を描く（図3-1-2）．冷却あるいは昇温する過程で，－1～－5℃（272～268K）の最大氷結晶生成帯にかなりの時間停滞し，凍結の場合は氷結晶が生長して食品の細胞膜を破壊し，ドリップが流出して風味，テクスチャーを劣化する原因となる．

氷結晶の大きさは，凍結時に最大氷結晶生成帯を速く通過するほど小さくなる．その様子をアスパラガスについて調べた結果を示す（表3-1-2）．凍結速度の順位に従って氷結晶が大きくなる傾向にあり，特に空気凍結では大きな氷結晶を生成した．この場合には，みずみずしさとシャキシャキしたテクスチャーが失われ，品質は大幅に低下した．

3）熱伝導率

氷相と水相の熱伝導率は，0℃（273K）を境に，大きく変化する（図3-1-3）．その変化量は食品中に含まれる水分と脂肪量に依存し，水分量が多く

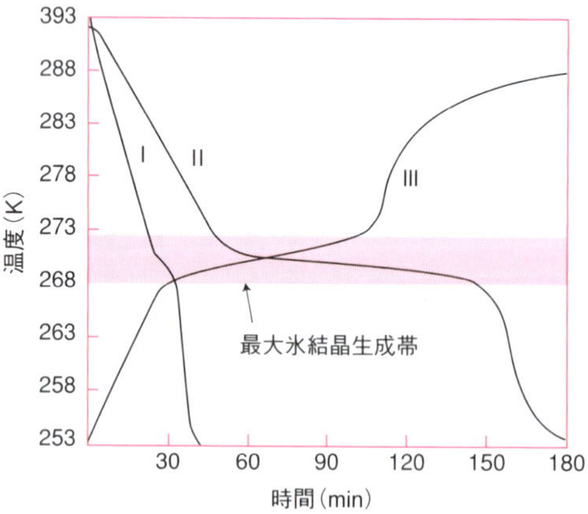

図3-1-2　凍結曲線と解凍曲線
I：急冷，II：緩冷，III：解凍

表3-1-2　アスパラガスの凍結速度と生成する氷結晶の大きさ

凍結方法	凍結速度の順位	氷結晶の大きさ（μm）		
		厚さ	幅	長さ
ドライアイス　－80℃	1	6.1	18.2	29.2
ブライン　－18℃	2	9.1	12.8	29.7
金属板　－40℃	3	87.6	763.0	320.0
空気　－18℃	4	324.4	544.0	920.0

なると大きくなり，脂肪量が多いと小さくなる．

このことは，水分の多い食品は熱の伝わりがよく，凍結－解凍が比較的短時間でできるのに対し，脂肪の多い食品では長期間かけなければ中心部まで凍結せず，又解凍時も同様に長期間を要する事を意味している．

4）凍結－解凍時間の計算

食品の凍結－解凍設備を設計したり，食品を凍結貯蔵する実務において，凍結や解凍の速度，所要時間を知ることが重要になる．多種多様な組成，構造，形態をもつ食品を取り扱うにあたり，あらゆる場面で満足できる計算式は未だ見出されていないが多くの研究がある．

凍結－解凍所要時間の推定法には，理論的方法，半理論的方法，経験的方法の3種類がある．熱移動を基礎とし，単純なモデルを組み合わせたプランク（Plank）の式が有名である．この式では，凍結時間に影響する因子として，①食品と冷媒体との温度差，②食品内の熱移動，③食品の熱特性と形状等を組み入れている．

5）凍結貯蔵中の品質劣化

凍結貯蔵している間にも食品は徐々に品質劣化を起こす．又，凍結貯蔵している温度及びその変動によっても品質劣化の速度が影響される．品温が低いほど品質の劣化は少なく，品質保持期限（shelf life）が延びるという考え方をT-TT概念（time-temperature tolerance：時間－温度許容限度）という．この概念に基づいたT-TT計算により，1日当たりの品質劣化率を知って商品価値の評価を行うものである．魚は短期間の凍結の間にも，空気中の酸素によって脂質の酸化が起こり品質が劣化する．この防止には，真空包装が最適であるが，大量の魚体を扱う場合，グレーズ（glaze：氷衣）処理をする．凍結後すぐに魚体を水中に短時間潜らせ，薄い氷膜を形成して外気を遮断する方法である．グレーズをかけることにより，長期間品質を維持できる．

6）解凍

凍結状態にある食品を加熱して融解状態にすることが解凍である．解凍にあたって，ドリップの流出や微生物の増殖等品質劣化を避ける必要がある．そのためには，氷を融解するための潜熱だけを加え，包丁が入る程度の温度（－1～－4℃）の半解凍状態にとどめて，一部生成した水を食品組織に吸収，保持させることが望ましい．

解凍に長い時間をかけられる場合，品質的にはほとんど劣化しないといわれている．たとえば，凍結魚を－1～－2℃の冷蔵庫で解凍するならば，時間はかかるが半解凍のよい状態が得られる．しかし，大型の肉塊やマグロ等の場合，このような方法では解凍速度が遅すぎて微生物の増殖が無視できなくなる．解凍の課題は，大型のものを短時間で解凍させることであり，大型のものや大量のものを同一条件で急速に解凍するためには，各種の方法が考案されている．

解凍方法は，表3-1-3のように種々あり，食品の種類や量等に応じて適切な方法を採用している．

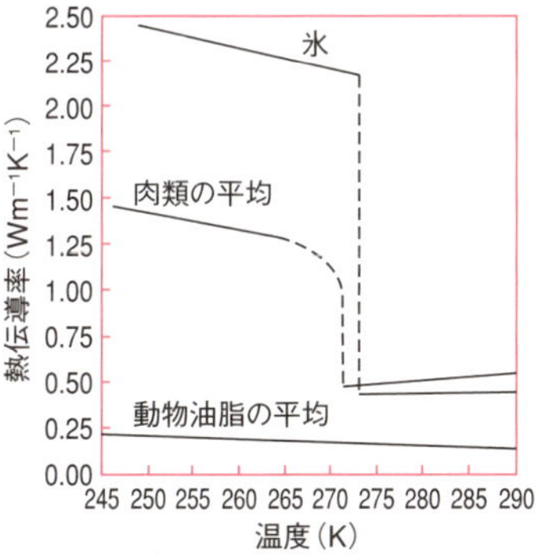

図3-1-3　食品の熱伝導率

表3-1-3　解凍の方法

名称	解凍方法
空気解凍	常温空気解凍，低温空気解凍，加圧空気解凍等
水解凍	清水解凍，塩水解凍，砕氷解凍，水圧解凍等
高温解凍	熱風解凍，スチーム解凍，熱湯解凍，熱油解凍等
電磁波解凍	赤外線解凍，超音波解凍，低周波解凍，高周波解凍等

3・2　殺菌の制御による方法

3・2・1　加熱による殺菌

一般に，食品の殺菌は加熱処理による場合が多い．これは伝統的な技術であると同時に簡便性と経済性があり，調理のような少量生産にも工場における大量生産にも対応できることによる．

食品の加熱殺菌では，食品中に存在する微生物のすべてを死滅させる滅菌ではなく，加熱による食品の品質劣化を最小限に抑えながら，通常の流通・貯蔵中に増殖する可能性のある微生物が存在しない状態にしていることが多い．このような状態を商業的無菌という．殺菌処理では，一定期間，食品の腐敗を防げるが，貯蔵期間が長くなると徐々に微生物が増殖し，腐敗する．

一方，滅菌処理を行い，無菌的に充填・密封すれば，食品は腐敗しない．このような処理により製造される代表的な食品は，缶詰・びん詰・レトルト食品（retort pouch foods）等である．これらの食品は，開封しなければ室温で長期間保存できる．しかし，過度に加熱した場合，食品成分の化学変化や組織の物理的変化が促進され，風味・栄養成分・テクスチャー等が影響を受け，商品価値を失うことになる．

1）微生物と加熱殺菌効果

加熱による殺菌効果：食品を加熱殺菌する際は，まずその食品に生育できる微生物の耐熱性を知る必要がある．微生物の耐熱性の表示法としてD値，Z値及びF値が使われる．一定の条件で微生物を加熱処理すると，時間の経過とともに菌数が減少する．この様子を，縦軸に菌数の対数，横軸に加熱時間をとって両者の関係を示す．これを熱死滅曲線あるいは生残曲線（survivor curve）という（図3-2-1）．

D値（decimal reduction time）：菌数を1/10に減少させるのに要する時間（分）．例えば，$D_{121℃}$＝10と表示していれば，121℃で10分間加熱すれば90％の菌を死滅させることを示す（図3-2-1）．

Z値：熱死滅時間（thermal death time）を1/10に短縮するのに要する温度の変化量を℃で

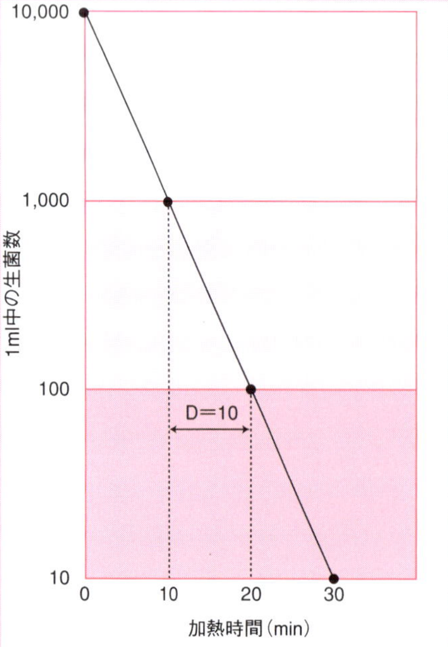

図3-2-1　生残曲線

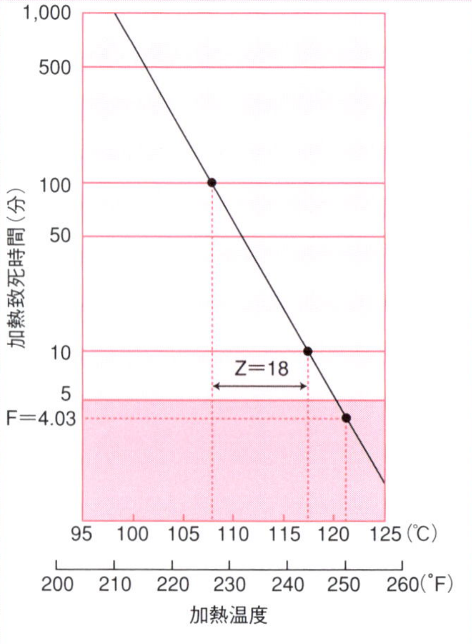

図3-2-2　ボツヌリス菌の加熱致死曲線

示したもの．例えばＺ＝18と表示していれば，加熱温度を18℃高くすれば加熱致死時間が1/10に短縮することを示す（図3-2-2）．図中の実線は，加熱致死曲線（thermal death time curve）という．

Ｆ値：一定温度で一定濃度の微生物を死滅させるのに要する最短加熱時間（分）．通常は121℃における時間を，$F_{121℃}$＝4.03（分）と表す．殺菌の条件は対象となる食品に発生する腐敗菌の加熱致死曲線からＦ値をもとにして決める．

2）微生物の種類と耐熱性

微生物は最適生育温度域を越すと急激に生育が低下し，さらに温度が上昇すると徐々に死滅する．食品の変敗や食中毒の原因となる微生物の熱抵抗力を示した（表3-2-1）．表に示すように，真菌類のカビ，酵母の耐熱性は低く，カビ類は一般に50〜70℃で死滅するものが多いが，その胞子の耐熱性は高く，死滅温度が80℃以上というものもある．酵母類はほとんどが50〜70℃で死滅する．

細菌類の耐熱性は，その種類によって異なる．特に胞子の耐熱性は著しく高い．大腸菌（*Escherichia coli*）や乳酸菌のような無胞子細菌の死滅温度は60〜80℃で，特にサルモネラ菌（*Salmonella*）やブドウ球菌（*Staphylococcus*）のような病原菌の耐熱性は低い．しかし食中毒菌の中には，ボツリヌス菌（*Clostridium botulinum*）のように胞子を形成する細菌があり，これらの細菌胞子の殺菌では，120℃以上の高温を必要とする．なおウイルスの耐熱性は小さく，70℃前後で不活性化する．

3）微生物の耐熱性に影響する因子

微生物の耐熱性は種々の要因によって影響を受ける．食品の加熱殺菌においては，微生物が生息する食品の性状によって左右され，特にpHと水分活性が重要である．

室温で長期間保存する缶詰の場合，最も重視されるのはpHである．ボツリヌス菌の胞子はpH4.6以上においてのみ生育可能である．したがって，pH4.6以上の容器詰食品では，ボツリヌス菌の胞子を死滅させる加熱条件で殺菌することが必要である．

pHで食品を分類し，それぞれの殺菌温度の目安を示す（表3-2-2）．ボツリヌス菌の生育限界であるpH4.6が大きな指標となり，それ以下の酸性食品は100℃以下の殺菌でよいが，それ以上の弱酸性食品では100℃以上，すなわち加圧条件下での殺菌をする必要がある．

4）食品の加熱殺菌法

加熱殺菌では，微生物の死滅は温度の高さによる効果が大きく，食品成分の変化は時間の影響が大きい．したがって高温短時間の殺菌の方が，品質のよい製品が得られることになる．

熱水・蒸気加熱殺菌法：pHの低い缶・びん・フィルム詰食品を100℃以下で殺菌する場合に用いられる．容器詰した食品を湯槽で保持殺菌したり，湯槽又はシャワーや蒸気のトンネル中で連続的に処理する場合もある．

低温殺菌法：低温殺菌は古くからパスツリゼ

表3-2-1　微生物の熱抵抗力（松田,1974）

微生物の種類	死滅させるに必要な温度と時間	
	温度（℃）	時間（分）
カビ	60	10〜15
酵母	54	7
サルモネラ菌	60	5
ブドウ球菌	60	15
大腸菌	60	30
乳酸菌	71	30
細菌の胞子		
Bacillus	100	1200
Clostridium	100	800

表3-2-2　食品のpHと殺菌温度（松田,1974）

pH	食品群	殺菌温度の目安
＞5.0	低酸性食品	＞110℃
4.6〜5.0	弱酸性食品	100〜110
3.7〜4.6未満	酸性食品	90〜100
＜3.7	高酸性食品	75〜85

ーション（pasteurization）と呼ばれる方法で，100℃未満の加熱による殺菌方法である．代表的な例は牛乳の殺菌で，その加熱条件は62～65℃で30分以上である．このような加熱条件は低温長時間殺菌（low temperature long time pasteurization，LTLT）といわれ，病原菌を死滅させるには十分であるが，耐熱性の大きい細菌胞子等は生存しているので，冷蔵しても食品の品質を長く保持することはできない．

高温殺菌法：高温殺菌は100℃以上の加熱による殺菌で，この温度では耐熱性の大きい細菌胞子の滅菌も可能である．一般には100℃に近い温度で長時間加熱するよりも，より高い温度で短時間加熱する方が食品の品質劣化が少なく，作業も短時間ですむことから，pH5.5以上，水分活性0.94以上の食品の滅菌では，食品の中心温度120℃，4分の高温短時間殺菌（high temperature short time sterilization，HTST）が一応の基準となっている．ただし，食品の性状により加熱条件は変わる．

超高温殺菌法：高温短時間殺菌より高い温度の130～150℃，数秒間の加熱による方法を超高温瞬間殺菌（ultra high temperature sterilization，UHT）といい，無菌充填包装する長期保存乳（long-life milk，LL乳）や果汁等の殺菌に用いられる．超高温瞬間殺菌では，短時間に所定の温度まで上昇させ，その温度を数秒間保持したあと，再び短時間に冷却する必要があるので，適用は熱伝達のよい液状食品に限られる．

4）缶・びん詰，レトルト

a）缶・びん詰食品

缶・びん詰食品は，食品を缶あるいはびん容器に詰め，脱気，密封して滅菌したもの，又はあらかじめ滅菌した食品を滅菌した缶あるいはびん容器に無菌的に詰めて密封した食品である．

びん詰のガラス容器は，缶詰の金属容器に比べると化学的に安定しているため腐食しにくく，透明で内容物が見える利点がある．しかし重いこと，温度の急激な変化や衝撃に弱いこと，光の透過によって内容物が変色すること等の欠点もある．

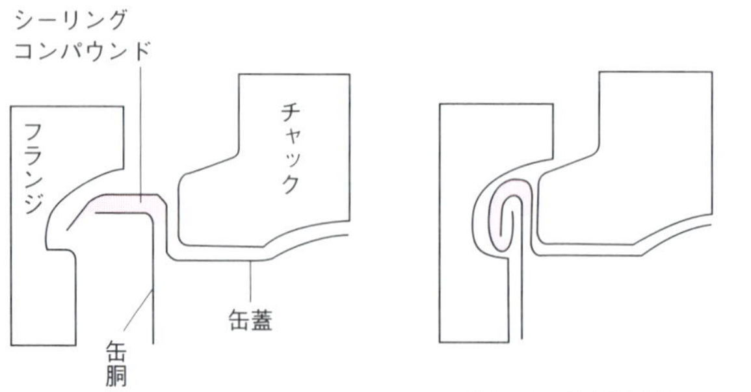

図3-2-3　缶の二重巻締め

<コラム>殺菌のための加熱方法

蒸気による加熱法により殺菌を行うには，間接加熱法と直接加熱法がある．

a）間接加熱法：プレート式又は多管式熱交換器を用いて食品の加熱及び冷却を行う方法で，牛乳の高温殺菌はおもにこの方法で行われる．

b）直接加熱法：液状食品の中に直接過熱蒸気を吹き込む方法（steam injection）と水蒸気の中に液状食品を噴霧する方法（steam infusion）がある．この場合，食品は水蒸気によって希釈されるので，もとの濃度に戻すために減圧下で過剰水分を除去する．この時，蒸発潜熱によって食品は急激に冷却される．

缶詰とびん詰の製造法は基本的に同じであり，通常は原料調製，充填，脱気，密封，殺菌の工程である．

充填に際しては，ヘッドスペースに空気を残さないように，脱気箱中で空気を水蒸気で置換したり，真空巻締め機（バキュームシーマー）を用いる方法がある．空気を残すと，酸化による内容物の品質劣化や，加熱殺菌時の容器破損，ブリキ缶のスズメッキの溶解剥離等の問題を生ずる．

缶の密封には，図3-2-3に示した二重巻締機が使用される．第一ロールの缶蓋のカール部が缶胴のカール部を巻込むように締め，次にやや平らな第二ロールで圧着して密封する．この時，缶蓋に塗布されている弾性のあるシーリング材がパッキンの役目をし，外気を完全に遮断する．

びん詰は，ゴム，プラスチック，コルク等のシーリング材を塗布あるいははめ込んだ蓋をびん口に打栓機で圧着締付け，あるいはキャップ巻締機でねじ締して密封する．

加熱殺菌は，缶詰の製造で重要な工程で，缶内の微生物を完全に殺菌する．殺菌の条件は，内容物の種類により，温度や時間が異なる．最も重要な指標はpHである．腐敗菌のうち耐熱性が高く，生命を脅かすボツリヌス菌の生育限界であるpH4.6が一つの目安とされている．すなわち，野菜，魚肉，畜肉等，pHの高い（中性付近）食品は100℃以上での殺菌が必要であり，それにはレトルト（retort）と呼ばれる加圧釜が使用される．一方，果実缶詰やジュースのようにpH4.6未満の酸性食品は100℃以下の条件で十分であり，湯槽中やシャワートンネルを通す等常圧での殺菌が可能である．

b）レトルトパウチ食品（retort pouch foods）

缶詰と同様にレトルト（加圧殺菌釜）で殺菌された袋詰め食品である．高温に耐えるプラスチックフィルムとアルミ箔等を積層した袋を用いる．殺菌条件は，通常115～120℃で20～40分，ハイレトルトでは135℃で8分，ウルトラハイレトルトでは150℃，2分である．レトルトは，その形態から熱の伝わりがよく，中心温度の上昇速度が速い．缶詰のほぼ1/3の殺菌時間ですむため，内容食品の品質は優れたものとなる．カレー，ミートソース，スープ類，米飯等の製品がある．

3・2・2 物理的制御法

1）放射線

a）放射線と放射能

放射線は，高エネルギーをもった電磁波（ガンマ線，エックス線等）や粒子線（電子線，中性子線等）で，放射能は放射線を発生させる能力やその能力をもった放射性物質のことである．両者は，しばしば混同されるので注意が必要である．放射性物質には自然と人工のものがあり，^{14}Cや^{40}Kは代表的な自然の放射性物質で全ての食品や生物体にも普通に含まれるが健康への影響はない．人工放射性物質は原子炉等で人工的に作り出されたものである．食品の照射に用いられるコバルト60は，容器内に厳重に密封されガンマ線だけが外に出てくるので食品に混入することは全くない．照射の程度は，吸収線量を示すGy（グレイ）で表し，1Gyは食品1g当たり10^4エルグのエネルギー吸収があったことを示す．

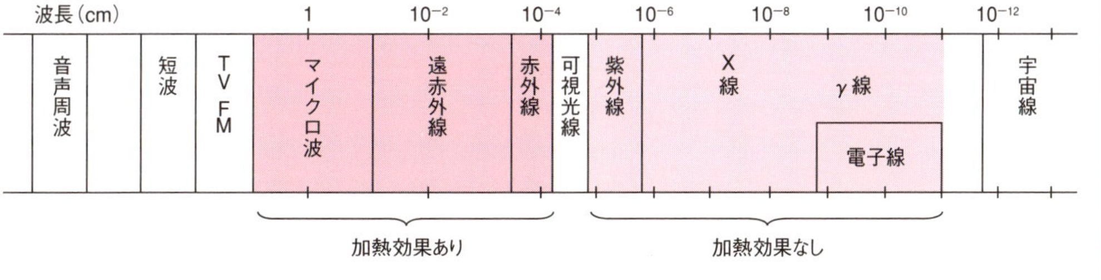

図3-2-4　電磁波の種類

わが国で食品に照射することを許されている放射線は，10Mev以下の加速電子線，5Mev以下のX線，コバルト60及びセシウム137からのガンマ線である．加速電子線は，高速の電子の流れでガンマ線とX線は可視光線より波長のはるかに短い電磁波（図3-2-4，27頁）である．

b）放射線処理の特徴

食品の放射線処理は加熱や冷却と同じく物理的処理であり添加物（殺菌剤）を加えることではない．放射線処理法の特徴は，①大線量照射しても温度の上昇はほとんどない（殺菌線量の10kGy照射で約2℃）ので冷凍の魚介類や冷凍肉等を凍らせたまま殺菌できる，生肉殺菌も同様，②食品への残留や環境への汚染がない，③照射による品質変化が少なく風味の尊重される香辛料等の処理に有効である，④複雑な形態を有する食品でも処理残しなく均一に照射できる，⑤最終包装の状態で処理できるので照射後再汚染の恐れがない等である．

c）放射線処理と安全性

食品に放射線を照射して保存を計る技術では何よりも安全であることが重要である．そのため単なる安全性よりも広い概念をもつ食品の健全性について，毒性学的安全性（急性・慢性毒性，発ガン性，遺伝毒性，変異原性等），微生物学的安全性（有害な突然変異微生物）及び栄養学的安全性（栄養素の減少・変化）について慎重で詳細な研究が世界各国で繰り返された．これらの健全性試験は，当初，各国が独自に行っていたが，1960年代からはFAO/IAEA/ WHO合同専門家委員会により世界的な規模で統一的な検討が行われるようになった．　その結果，放射線処理で生じる微量成分は通常の加熱処理と同程度であると判断され，あらゆる食品について一定線量（10kGy）以下ならば，照射食品の健全性に問題はないと結論され（1980），香辛料の殺菌は32ケ国，40以上の食品について食品照射が実用化されている（表3-2-3）．さらにWHOは，10kGy以上の照射食品についても健全であると宣言している（1997）．

d）食品の放射線照射

放射線のもつ物理的·化学的作用を応用して生鮮食品や加工食品の発芽抑制，殺虫，成熟遅延，シェルフライフ延長，殺菌，滅菌等を行うことができる（表 3-2-4）．

発芽抑制（0.05～0.15kGy·キログレイ）：休眠期間を過ぎると新芽が現れる馬鈴薯，タマネギ，ニンニク，ニンジン，ショウガ等の処理に有効である．特に馬鈴薯の新芽には有害なアルカロイドのソラニンが含まれ，従来は薬剤が発芽抑制に用いられていたが現在ではその使用が禁止されている．

放射線による発芽抑制は，0.05～0.15kGy程度の低線量照射で効果があり，わが国では照射食品に係わる国家プロジェクト（1967）により馬鈴薯

表3-2-3　食品照射を実用化している主な国

国名	食品類	国名	食品類
アルゼンチン	香辛料，乾燥野菜	日本	馬鈴薯
オーストラリア	香辛料	韓国	香辛料，乾燥野菜等
ベルギー	香辛料，乾燥野菜，冷凍魚介類	メキシコ	香辛料，乾燥野菜
ブラジル	香辛料，乾燥野菜	オランダ	香辛料，乾燥野菜，冷凍魚介類，鳥肉，チーズ等
カナダ	香辛料，乾燥野菜		
チリ	香辛料	ノルウェー	香辛料，乾燥野菜
中国	香辛料，乾燥野菜，ニンニク，肉類等	ポーランド	香辛料，乾燥野菜
チェコ	香辛料，乾燥野菜	南アフリカ	香辛料，ニンニク等
フランス	香辛料，乾燥野菜鳥肉，冷凍魚介類等	タイ	香辛料，発酵ソーセージ等
ハンガリー	香辛料，乾燥野菜等	アメリカ	香辛料，乾燥野菜，牛肉，鳥肉，熱帯果実等
インド	香辛料		
インドネシア	香辛料，冷凍魚介類等	ベトナム	香辛料，冷凍魚介類
イスラエル	香辛料，乾燥野菜等	台湾	香辛料，乾燥野菜等

のガンマ線による発芽抑制（150Gy未満）が許可され（1972），北海道の士幌町で実用照射が始まり（1974）現在も稼働している．照射馬鈴薯は6カ月以上貯蔵が可能で，主として加工製品用原料として原料供給や価格の安定化，製品の品質向上に寄与している．

殺虫（0.15～0.5kGy）：輸入される穀類や果実･野菜･花類には害虫やダニ類が混入し，その駆除にMB（臭化メチル）やEDB（二臭化エチレン）のような殺虫用燻蒸剤が使用されたが，食品への残留，抵抗性害虫の出現，作業労働者への薬害，環境への汚染等の点で問題があった．小麦等の穀類は国際商品として取引され大量の燻蒸剤が使用されるが，中でも世界的に広く使用されているMBはオゾン層の破壊や環境汚染問題の観点から国際的に使用禁止となることが国連環境計画（UNEP）により決定されている(先進国で2005年，開発途上国で2015年)．

開発途上国でも実現可能な代替技術として放射線処理法が注目され穀類，豆類，香辛料，熱帯果実，乾燥果実，魚干物等の放射線殺虫が数ケ国で許可されている．マンゴーやパパイア等の熱帯果実に潜む害虫やブタ肉及びブタ肉加工品の寄生虫駆除にも放射線が利用されている．

果実･野菜の成熟抑制（0.5～1.0kGy）：照射による成熟が抑制される果実･野菜では低温保存と放射線照射を組み合わせることで，マンゴーで約1週間，バナナで約2週間，マッシュルームで5～7日間の貯蔵期間の延長が可能である．又放射線による成熟遅延と殺虫の両方を一度に行える場合がある．

殺菌，滅菌（1～50kGy）：食品の殺菌線量として一般に10kGyが目安とされる．香辛料は通常の加熱殺菌では風味が損なわれるため，世界の多くの国で放射線殺菌が広く実用化されているが，わが国では許可されていない（表3-2-3）．例えば，イチゴはカビによる腐敗を受けやすいが照射により容易に貯蔵期間を1～2週間延長することができる．酵素製剤や冷凍食品は，加熱殺菌ができないので熱のかかりにくい放射線処理が有効な殺菌手段である．大腸菌，サルモネラのような有害菌は比較的低線量で殺菌できる．免疫力の衰えた人を対象に放射線滅菌した食事が検討されており，嗜好性，栄養価等の面で加熱殺菌食品よりも評価が高い．この他，放射線は鶏肉，カエル足，ソーセージ，乾燥野菜，漢方薬，宇宙食，無菌動物用飼料等の殺菌や滅菌に用いられている．

照射食品の表示と検知法：照射食品の管理や適正な取引のため照射食品の迅速・正確な検知

表3-2-4　食品照射の応用区分，対象品目，線量

応用区分	対象品目	線量（kGy）
発芽防止	馬鈴薯，玉ねぎ，ニンニク，甘藷等	0.03-0.15
殺虫及び不妊化，寄生虫殺滅	穀類，豆類，果実，カカオ豆，豚肉等	0.1-1.0
成熟遅延	生鮮果実，野菜等	0.5-1.0
品質改善	乾燥野菜，コーヒー豆等	1.0-10.0
病原菌の殺菌（胞子非形成型病原性細菌）	冷凍エビ，冷凍カエル脚，食鳥肉，畜肉，飼料原料等	1.0-7.0
腐敗菌の殺菌（貯蔵性向上）	香辛料，乾燥野菜，アラビアガム等	3.0-10.0
滅菌（完全な殺菌）	宇宙食，病人食	20.0-50.0

左：国際的に使用されているロゴ
右：国内で照射馬鈴薯包装容器に押されているスタンプ

図3-2-5　照射食品の表示

技術が必要で電気伝導度，熱ルミネッセンス，フリーラジカル測定（表3-2-5）等が検討されている．照射馬鈴薯では放射線照射されていることを明確にし，二重照射を防止するため包装容器表面に特別なロゴマーク表示（図3-2-5，29頁）が，又，併せて言葉による表示が行なわれている．

2）紫外線

紫外線は波長200～400nmの電磁波でX線と可視光線の間（図3-2-4，27頁）にあり，250～260nmの紫外線が最も高い殺菌作用を示す．紫外線殺菌灯は主として254nmの電磁波を放射するが，この波長の紫外線では核酸にチミン二量体を形成することで，又波長のより長い紫外線では細胞膜を損傷する等して殺菌効果を発現する．赤痢菌，大腸菌等の芽胞を形成しないグラム陰性菌は紫外線感受性が高く，ブドウ球菌，連鎖球菌，枯草菌等のグラム陽性菌やカビ，酵母は感受性が低い．紫外線は透過力がほとんどなく殺菌効果は照射表面に限られるが，清浄を要する部屋の空気や飲料水，病院·工場用水の殺菌等に用いられる．

3）マイクロ波

マイクロ波は，周波数300～30,000MHzの電磁波で，食品に照射されると食品を構成する分子，極性基，イオン等の振動・回転を引き起こす．例えば2,450MHzの家庭用の電子レンジでは極性を帯びた水分子等が毎秒24億回以上の振動・回転を繰り返し，発生する摩擦熱により急激に食品の温度を上昇させる．この温度上昇と共に生体を構成する各種分子・極性基の振動が生命維持に重要な核酸·タンパク質等の変性を誘発して殺菌効果を促進する．カビや酵母はマイクロ波の加熱作用で殺菌できるが胞子形成菌への効果は低い．多水分系食品の殺菌，包装した食品の防カビ，害虫駆除等に利用される．

4）超高圧

食品に高い圧力を加えることにより微生物の殺菌を行う新しい技術が開発されている．一般のカビ，酵母，細菌は3000気圧程度で死滅するが芽

表3-2-5　照射食品の検知技術

対象食品	化学的方法	物理的方法	生物学的方法
馬鈴薯	クロロゲン酸	TL，インピーダンス	酵素（PAL）活性，コルク層の観察，発芽や組織の観察
玉ねぎ		鱗皮の剥離性	発根能
米 小麦		発芽の観察 発根の観察	
小麦粉 コーンスターチ	マロンアルデヒド デオキシ化合物	示差熱分析 濁度	
畜肉 食鳥肉 チーズ	タンパク質の変化，DNA，RNA，水素，一酸化炭素，O-チロシン，揮発性炭化水素，シクロブタノン	ESR	DNAコメット
卵	ヘキサナールの量，ルテインの量 シクロブタノン	ESR 示差熱分析	
エビ，魚，貝	水素，一酸化炭素	ESR，TL，インピーダンス 示差熱分析	DNAコメット
水産加工品	蛍光物質		
果実・野菜	アミノ酸，カルボニル化合物 細胞壁の変化，揮発性炭化水素	ESR，TL	種の発芽率，DNAコメット
香辛料	水素，一酸化炭素	ESR，TL，CL，PSL 近赤外分析，粘度	DEFT/APC， DNAコメット
マッシュルーム		ESR	菌糸生成能，色素生成能
ナッツ，種子		ESR	DNAコメット
プラスチック包装材		ESR，近赤外分析，IR	

TL：熱発光，CL：化学発光，PSL：光刺起発光，ESR：電子スピン共鳴，DEFT/APC：微生物学的
表中アンダーライン：国際又はEUの公定法　食品の放射線処理　日本原子力文化振興財団（2003）

胞形成菌やウイルスは殺菌されにくい．高圧処理された微生物は，細胞膜構造の破壊，細胞成分の喪失，核膜の崩壊，タンパク質の変性，酵素の失活，細胞分裂の阻害等により死滅する．高温をかけずに処理できるが圧力による食品に物性変化の生じる場合がある．

<コラム>放射線で馬鈴薯の芽がなぜ止まる？

放射線の効果は2つに分けて考えられる．1つは直接作用で，放射線が生命維持に係わる生体組織に当たって組織を構成する成分・分子を切断したりイオン化・励起させたりすることによるもので，それにより例えば微生物はDNA二重鎖の切断や切断DNAの誤った再結合が起こって死滅する．直接作用は，分裂の激しい幼若な組織ほど感受性が高いので馬鈴薯の発芽組織や増殖中の微生物は放射線に対する効果が高い．他の１つは間接作用で，放射線がまず水に当たって反応性の高いフリーラジカル（·Hラジカル，·OHラジカル等）を生成し，これらが二次的に作用してもたらされる効果である．このフリーラジカルは放射線照射にだけ現れる特異な生成物ではなく食品の加熱や光照射等通常の加工工程でも普通に発生するが寿命が極端に短い．照射された放射線は水や食品成分・分子に衝突しながら次第にエネルギーを失って消滅し食品中に残存することはない．

3・3　水分の制御による方法

食品は，一般に水分含量が大きく，種々の栄養成分を含むため，温度，pH，環境のガス組成等が整えば微生物が増殖し腐敗する．そこで古くから食品の水分除去をはかる加工法が利用されてきた．

食品中に含まれる水分は，その存在形態により自由水（遊離水free water）と結合水（bound water）に分類される．自由水は食品構成成分の影響をほとんど受けないが，結合水は，炭水化物，タンパク質，イオン等と化学的に結合しており，自由な動きが束縛されている．微生物はその生育に自由水を利用し，結合水を利用することができない．そこで微生物による食品の腐敗は，食品中に含まれる全水分含量よりも，自由水の量と関係が深いことがわかる．

食品中に含まれる自由水の全水分含量に対する割合を，水分活性（Water activity）といい，Awで表す．

$$Aw = P/P_0 = n_2/n_1 + n_2$$

P：その温度における食品（溶液）の水蒸気圧，P_0：その温度における純水の水蒸気圧，n_1＝溶質のモル数，n_2＝溶媒（水）のモル数

純水（すべて自由水）のみの時は，$P = P_0$で，その水分活性は1であり，自由水の割合が減少するにつれてその値は低下し，無水物の時は，$P = 0$で水分活性は0となる．水分活性は食品を密閉容器に入れて放置し，平衡状態になった際に示す容器内の相対湿度（関係湿度ともいう）の1／100の値である．

$$Aw = RH/100$$

RH：相対湿度

微生物の生育と水分活性の関係は，表のように微生物の種類により乾燥に対する抵抗性が異なることがわかる（表3-3-1）．

3・3・1　乾燥

多くの微生物は水分活性0.8以下では，生育が困難であるので，食品の水分活性を0.65～0.85に調整した食品は保存性が向上する．このような食品を中間水分食品（intermediate moisture food）と呼ぶ．この例として，乾燥果実，ジャム，ゼリー，羊羹，魚の干物，サラミソーセージ等がある．

乾燥により食品の水分活性を低下すれば，微生物による食品の腐敗や酵素による食品の変質は防止できる．しかし逆に酸素，光等の影響による食品（特に多脂性食品）の成分の酸化，非酵素的褐変による着色，テクスチャーの変化等が生じる場合がある．加工食品ではこれらを考慮して食品の品質保持期間（shelf life）を設定する必要がある（図3-3-1）．

表3-3-1　各種微生物の生育と最低水分活性との関係

微生物	水分活性（Aw）
多くの細菌	0.90
多くの酵母	0.88
多くのカビ	0.80
好塩細菌	0.75
耐乾性カビ	0.65
耐浸透圧性酵母	0.61

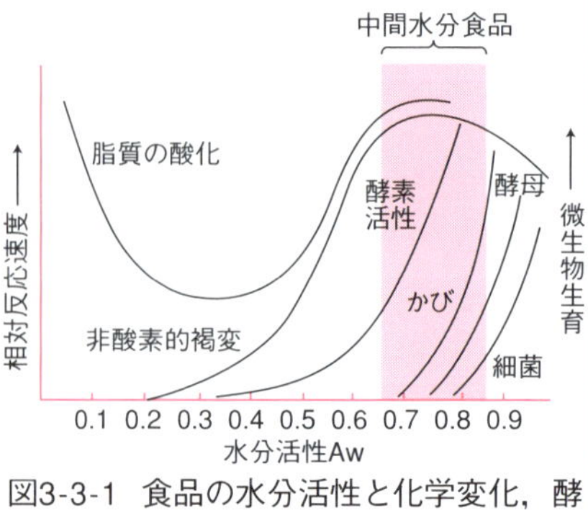

図3-3-1　食品の水分活性と化学変化，酵素反応及び微生物の生育

1）乾燥の機構

均一な水分含量の食品を常圧状態で加熱すると，まず食品の表面から水分が蒸発し，食品の表面部と内部との間に水分含量の差が生じる．すると食品内部の水は，水分含量の少ない表面に拡散し，さらに蒸発していく．そこで食品の乾燥する速度は，表面蒸発（surface evaporation）と水分の内部拡散（internal diffusion）の二つの作用速度により支配されていることがわかる．

食品を乾燥する時，高含水領域では食品の乾燥速度（g水／時間・表面積）はある一定の水分含量までは，ほぼ一定である．この期間を恒率乾燥期間（constant rate drying period）という．図3-3-2の乾燥速度曲線でA→Bの水平部分に相当する．この後表面蒸発と内部拡散のバランスが崩れると含水量の減少に伴い乾燥速度も低下していく．この様子は図3-3-2のB→C，C→Dに相当し，減率乾燥期間（falling rate drying period）という．

減率乾燥期間には，乾燥速度が含水量と共に直線的に減少する減率第一段乾燥期間（B→C）と乾燥速度が含水量の減少と共に急激に低下する減率第2段乾燥期間（C→D）がある．しかしすべての食品がこの3段階を経て乾燥されるわけではない．大きな塊の食品では恒率乾燥期間はきわめて短く，薄片状や粉砕した食品では恒率乾燥期間は長くなる．又多くの固体状食品の乾燥では，減率第一段乾燥は比較的短く，すぐに減率第2段乾燥に移行する．

2）乾燥方法

食品の乾燥方法には，自然乾燥法と人工乾燥法がある．

自然乾燥法：自然乾燥法とは太陽の輻射熱を利用する天日乾燥法や凍乾法（食品を凍結後，解凍し乾燥する方法，寒天の製造等）のことである．これらの方法は経費が安価であるが，人手がかかり，乾燥の場所やあん蒸（乾燥の途中で乾燥物を積み重ねて，食品内部の水分を表面に拡散させ，水分が均一に分布するようにする）の施設を必要とする．又乾燥は天候により左右され，食品成分の光による分解が生じる場合もある．天日乾燥製品には，水産乾燥品（干物等），乾燥果実類（あんず，柿，プルーン，ぶどう等の乾燥製品），乾燥野菜（切り干し大根，かんぴょう）等がある．

人工乾燥法：人工乾燥法は機械を用いて空気の温度，湿度，流速，圧力（常圧，加圧，真空）等を調整して乾燥する方法である．

（1）常圧乾燥法

a）熱風乾燥（drying by heated air）：加熱した空気を食品に送風し，食品の水分を蒸発させる方法．自然乾燥法に比べて加熱時間が短いので，食品の退色や油焼けも少ない．箱型乾燥機（box dryer），トンネル乾燥機（tunnel dryer），通気バンド乾燥機（band dryer by air through），気流乾燥機（flash dryer）等が用いられる．

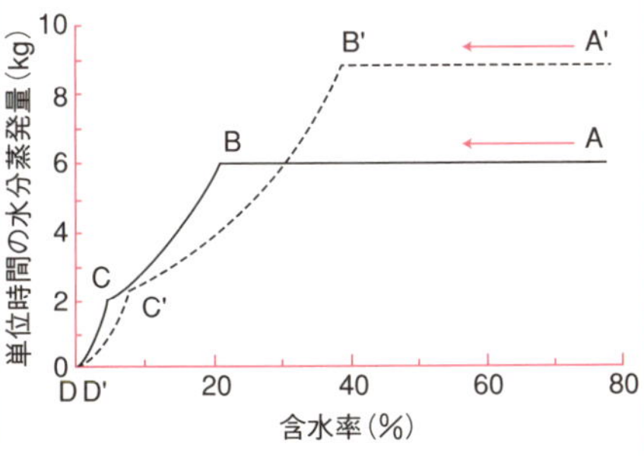

図3-3-2　乾燥速度曲線

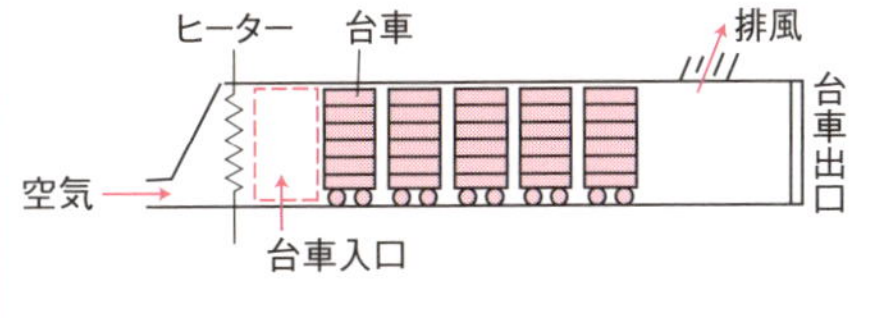

図3-3-3　トンネル乾燥機

①箱型乾燥機：長方形の箱の中に棚をもうけ，浅い箱に入れた食品を置き，60～65℃の加熱空気と接触させて乾燥する装置．魚介類や野菜等を小規模乾燥するのに適している．

②トンネル乾燥機（図3-3-3，33頁）：熱風（風速は2.5～6m/s）が通っている長さ20～30mのトンネル内を，台車の棚段上にのせられた食品を移動させるか，懸垂した食品を移動させ連続的に乾燥するものである．熱風と食品原料との接触方法で向流型，並流型等がある．野菜，魚介類等を原型のまま乾燥するのに適している．

③通気バンド乾燥機（図3-3-4）：金網の無端バンド（幅1～3m）に食品をのせて，下又は上から通気して連続的に乾燥するもの．野菜，コーヒー，茶，麺類等の乾燥に用いられるが，乾燥に長時間を要するものは箱形乾燥機やトンネル乾燥機を用いるとよい．

④気流乾燥機（図3-3-5）：粉粒体状の食品を，高速の熱気流中に乗せて，瞬間的に乾燥する方法．この方法は乾燥時間が短く，乾燥効率も高い．穀物，小麦粉，ココア，インスタントクリーム，おから等の乾燥に用いられている．

b）噴霧乾燥（spray drying）（図3-3-6）：液状の食品を，回転円盤による遠心力，又は加圧ノズルにより微粒子化（蒸発表面積を大きくする）して，150～200℃の熱風中に噴霧し，瞬間的（数秒～十数秒）に乾燥する方法．水の蒸発潜熱により，液滴の温度は，50～60℃に保たれるので加熱による食品の品質変化は少なく，復元性のよい製品になる．粉乳，インスタントコーヒー，粉末油脂等の製造に用いられる．

c）ドラム乾燥（drum drying）（図3-3-7）：皮膜乾燥ともいう．液状の食品やスラリー状の食品を加熱回転するドラムの上に薄く膜状に塗布し，乾燥する．乾燥製品はナイフにより削り取る．マッシュポテト，かぼちゃ，ベビーフード等炭水化物が主体で粘性の高い食品の乾燥に用いられる．

d）泡沫乾燥（foam mat drying）（図3-3-8）：フォームマット乾燥ともいう．液状の食品を高濃度に濃縮するか，粘出物，界面活性剤等を加え，ミキサー，窒素ガス等で泡立て，フォーム状とする．これを多孔板に2～5mmの厚さでのせ，移動させながら加熱した空気を並流又は下部から通気

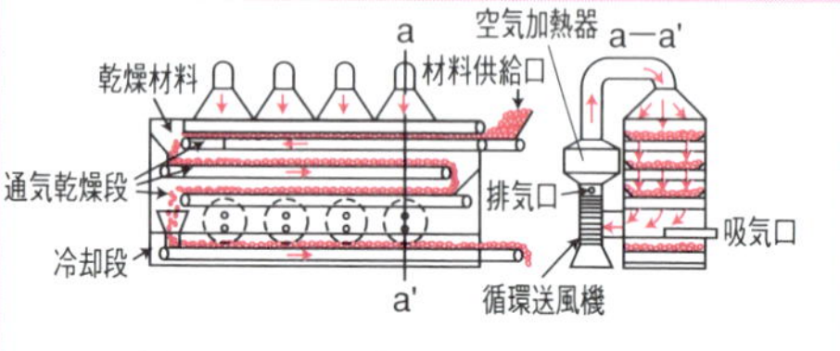

図3-3-4　通気3段バンド乾燥機

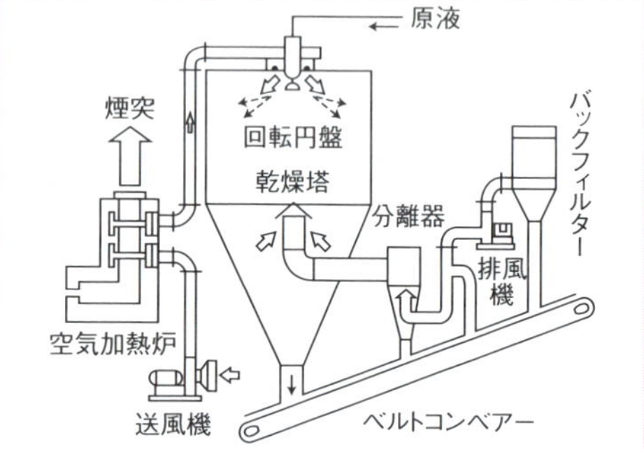

図3-3-6　噴霧乾燥機

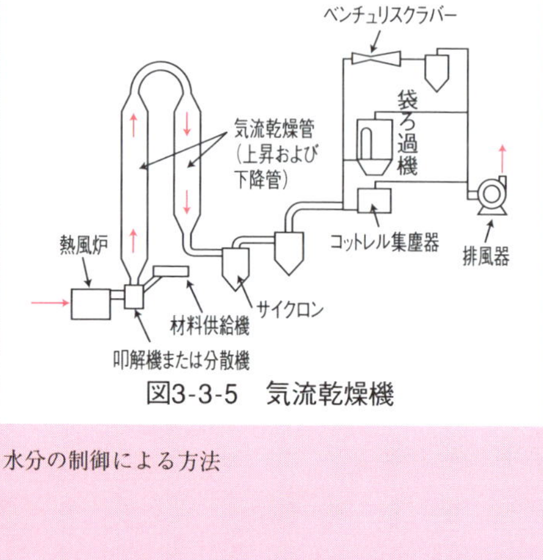

図3-3-5　気流乾燥機

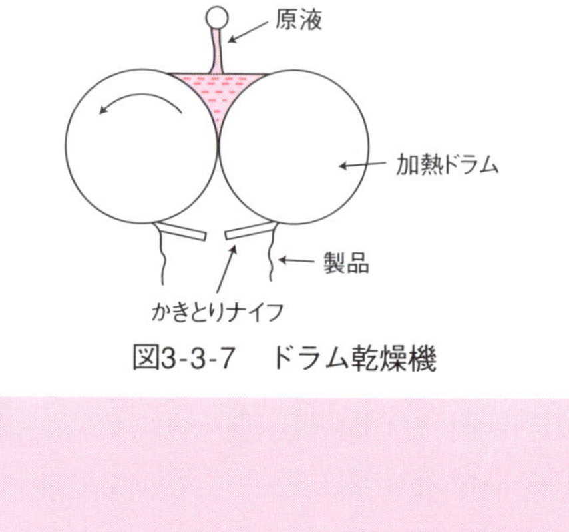

図3-3-7　ドラム乾燥機

して乾燥させる．

復元性のよい製品ができる．果実のペースト等の乾燥に用いられている．

e）流動層乾燥（fluid bed drying）（図3-3-9）：水分含量の比較的少ない粉粒状食品の充填層に，下方から熱風を通気していくと，ある通気流速で層内の通気抵抗と食品の重量が釣り合う．この流速を最低流動化速度といい，この流速以上の通気で粉粒状食品は，気体に支えられて浮遊し流動化する．このような状態で食品は熱風により激しく混合され，均一な温度で乾燥される．

被乾燥材料や乾燥された製品はすべて浮遊運搬されるので，バンドや回転ドラムのような駆動装置を必要としない．ココア，コーヒー，豆類，スープ，果汁等の乾燥に用いられる．

f）高周波誘電乾燥（dielectric drying）（図3-3-10）：食品（誘電体）を，高周波（3～30MHz）又はマイクロ波（915MHz，2450MHz）の電場に置くと高周波誘電加熱（照射エネルギーが食品中の有極性分子に吸収され，有極性分子の分子運動が活発になり分子間摩擦により発熱する）を起こして乾燥される．

この乾燥法は操作が簡単で，加熱速度も速く，均一な乾燥が可能である．

ポテトチップの仕上げ乾燥や，厚手のせんべいやあられの膨化に用いられる．

g）遠赤外線乾燥（far-infrared drying）：水分含量の多い食品に遠赤外線（5.6～1000 μmの電磁波，産業分野ではこの中で5.6～20 μmを使用する）を照射すると，分子の振動・回転運動が活発になり，その摩擦熱により加熱乾燥される．のりや茶葉の乾燥に用いられている．

(2) 加圧乾燥法

加圧が可能な容器の中に，比較的水分含量の少ない穀類等の食品（水分含量15～50%）を入れて，密封し，容器を回転させながら食品を加熱する．一定の温度（120～150℃），圧力になったら蓋を開け常圧に戻すと，食品中の水分は一気に蒸発して多孔質の乾燥品が得られる．

米，麦，豆等を用いてパフ化食品の製造に用いられている．

又エクストルーダー（extruder）を用い，食品を膨化，乾燥する方法もある．スナック菓子や大豆繊維状タンパク質の製造等に用いられている．

(3) 減圧乾燥法

a）真空乾燥（vacuum drying）：食品を入れ

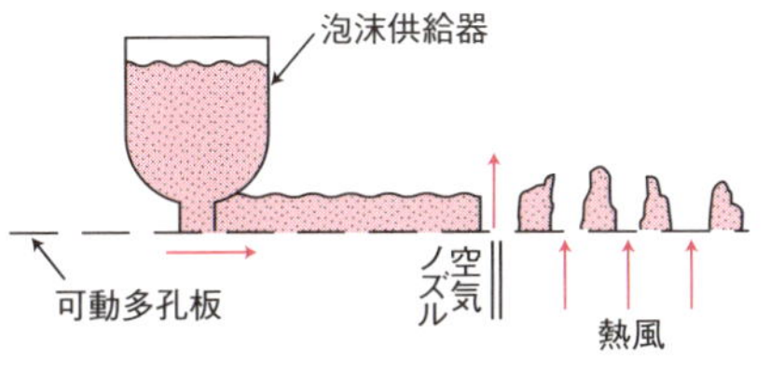

図3-3-8 フォームマット乾燥機

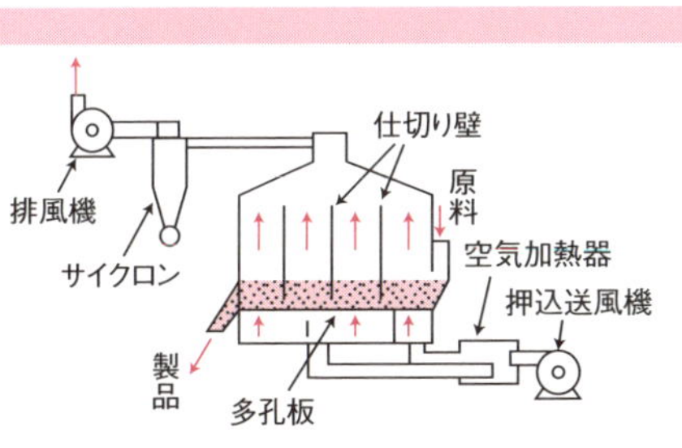

図3-3-9　流動層乾燥機

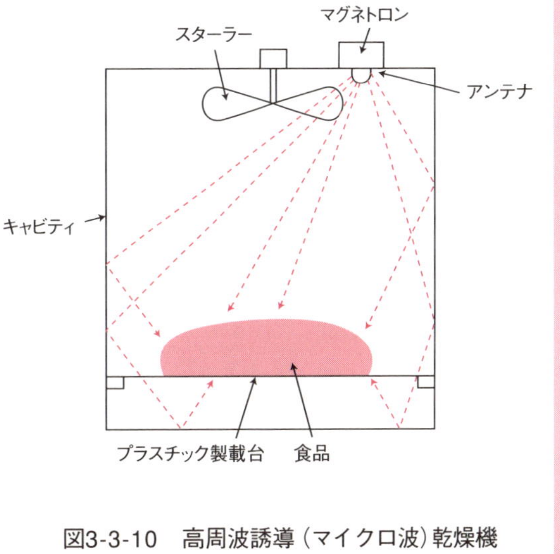

図3-3-10　高周波誘導（マイクロ波）乾燥機

た装置内の空気を真空ポンプで除き低真空度(400～4000Pa)にする．減圧下では食品の水分は低温(0～70℃)でも蒸発するので，水分をコールドトラップで捕集し食品を乾燥させる．乾燥中の品温が低いので熱による品質の劣化を防止できる．果汁，コーヒー，みそ，調味料等の乾燥に用いられている．

b）凍結乾燥(freeze drying)(図3-3-11)：食品を－30～－40℃で凍結し，真空乾燥と同様の装置に入れ，減圧して高真空度(13～133Pa)にする．食品中の氷は，水蒸気に昇華し，コールドトラップに捕集されるので，食品を乾燥することができる．製品は加熱されていないため物理化学的変化も少なく，多孔質で復元性がよい．芳香成分や風味成分の損失も少ない．

しかし保存上，壊れやすく，吸湿性も大で，酸化による変質を受けやすい点に注意が必要である．コーヒー，味噌，野菜，果実，畜肉，魚介類等の乾燥に用いられる．

3・3・2　濃縮

濃縮は液状食品の水分を除いて，固形物の濃度を高める操作で，製品の最小水分濃度は約30%(重量%)である．濃縮により食品の水分活性は低下し，食品は貯蔵安定性が向上する．又容積低下により食品の貯蔵性や輸送性が向上する．濃縮方法には，加熱濃縮(液状食品を加熱して水分を蒸発させる)，膜濃縮(半透膜を利用して，圧力により水分のみを膜透過させる)凍結濃縮(液状食品を凍結後，生成した氷を機械的に分離する)，等がある．前述の乾燥操作の場合，1kgの水を蒸発させるのに約1kgの水蒸気を必要とした．しかし多重効用缶を用いた蒸発濃縮では同じ水蒸気あたりの蒸発水量は乾燥の場合よりもさらに大きくなる．膜濃縮ではさらに少ないエネルギー消費量で溶液を濃縮することができる．

1）加熱濃縮

単一効用蒸発缶(single effect evaporator)：ボイラーからの水蒸気を加熱管(カランドリア)を有する蒸発缶に供給し，溶液を間接的に加熱する．真空ポンプによる減圧下で，溶液から水蒸気が蒸発し，濃縮が行われる．蒸発した水蒸気は凝縮器(コンデンサー)により凝縮される．

減圧下での濃縮のため，液体の沸点が低下するので，熱感受性の高い溶質を含む溶液の濃縮に使用できる．

2）膜濃縮

溶媒又は，溶質の一部が透過し，他の溶質が透過できない膜を半透膜(semipermiable membrane)という．半透膜は表面に多数の細孔があり，膜の一方に圧力をかけることで，細孔の孔径より小さいイオン，分子，粒子等が透過しこれらを分離できる．一方半透膜の両側に電位勾配をつけてイオンを分離する電気透析法もある．

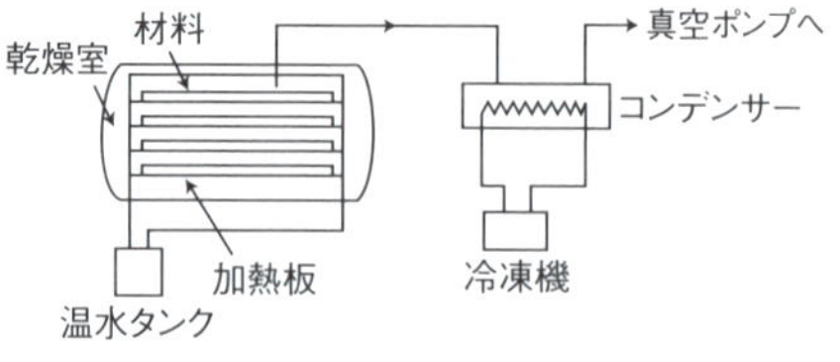

図3-3-11　凍結乾燥機

表3-3-2　膜の種類と分離特性

膜の名称	日本語名	分離特性(牛乳の場合)
RO膜(reverse osmosis)	逆浸透膜	水
NF(nano filtration)	ナノフィルトレーション膜 ルーズRO膜	塩類(分子量100～1,000)
UF(ultra filtration)	限外ろ過膜	乳糖(分子量1,000～100万)
MF(micro filtration)	精密ろ過膜	タンパク質(孔径0.1μm～)

半透膜による濃縮は1950年代アメリカで，逆浸透膜（reverse osmosis）を利用した海水淡水化の研究から進展し，現在食品業界で各種濃縮に広範に使われている．

膜濃縮法は，加熱操作が不要で，濃縮物の相変化もなく，省エネルギー的な方法である．熱や酸素に不安定な物質の濃縮に適している．主な膜の種類と分離特性を示す（表3-3-2）．半透膜の素材は酢酸セルロース，ナイロン，ポリカーボネート，ポリアクリルニトリル，ポリフッ化ビニリデン等の有機膜と熱水や，酸性水，アルカリ性水での洗浄に耐える無機膜がある．

半透膜は支持体，スペーサーと組み合わせて，各種モジュールの形で利用されている．モジュールには，平板型，中空糸型（直径100μm程度の中が空洞の管を多管型熱交換機のように多数支持体に固定したもの），キャピラリ型（mmオーダーの管を用いる），管状型（cmオーダーの管を用いる），スパイラル膜（二枚の長い平膜を袋状にしその口を中央の集水管につけ，さらに袋状の膜同士の間にスペーサーをはさんで集水管に巻いた構造），等がある．

膜濃縮法の問題点は，分離膜の種類により，耐熱性や耐薬品性が低いものがあること，使用後適切な洗剤を用いて十分に洗浄する必要があること，洗浄を繰り返すと膜の性能が低下すること，膜面と加圧されている溶液の界面に溶質の濃度上昇が起こり（濃度分極という），透過流速が低下すること等である．一方無機膜は，シリカ，アルミナ等を焼成して多孔質膜を形成したもの（セラミック膜）である．無機膜は，耐熱性，耐薬品性，耐酸化性が高く，高圧の逆洗浄も容易である．又有機膜に比べ膜の寿命も長い（有機膜は適切に使用されても1～3年の耐久性だが，無機膜は3年以上，10～15年使用可能なものもある）．無機膜は，ビールの菌体除去，果汁の清澄化，浄水の製造等に用いられている．

3）凍結濃縮

液体食品中の水の一部を凍結し，生成した氷を圧搾，遠心分離，洗浄塔等により分離し，濃縮する操作である．低温で操作できるので，食品成分の劣化，微生物汚染，芳香成分の損失も少ない．蒸発濃縮に比べて，省エネルギー的な方法である．果汁，コーヒー抽出物の濃縮等に使われている．

3・3・3　塩蔵

塩蔵（salting）は，食品に食塩（塩化ナトリウム）を添加して，保存性を高めた貯蔵方法である．操作が簡単で設備もシンプルなので，古くから野菜類，魚介類，肉類の貯蔵法として利用されてきた．塩蔵は食品に塩味をつけ，食品の保存性を高めるだけでなく，食品タンパク質の変性凝固を促進し，発酵食品の微生物作用を調整する．この結果，漬物，ハム，ソーセージ，塩漬け卵，塩辛，塩鮭，魚醤油，醤油，味噌等の独特の風味の塩蔵品が製造される．

1）食塩の防腐効果

食品に食塩を添加すると，食塩は水に溶けてナトリウムイオン（Na^+）と塩素イオン（Cl^-）に解離する．この時，極性のある水分子は，負に帯電した酸素原子をナトリウムイオンのほうに向け，さらに静電引力によりナトリウムイオンに強く引き付けられる．この結果何分子かの水分子がナトリウムイオンを取り囲む形になる．一方，塩素イオンも同じ原理で何分子かの水分子に取り囲まれる形になる．これを水和という．この結果，水（自由水）は束縛されて自由に運動できない状態（結合水）になる．塩蔵により食品の水分活性は低下し，微生物は，増殖に必要な水を利用できない．食塩濃度と水分活性の関係を示す（表3-3-3，38頁）．

さらに，濃厚な食塩を含む食品は浸透圧が高いので，付着している細菌は原形質分離を起こして死滅する．食塩にはこの他に，塩素イオンの抗菌作用，溶存酸素濃度の減少による好気性細菌の生育抑制作用，食品中の自己消化酵素の阻害作用があるといわれている．

食品に付着している微生物では，約5%の食塩濃度でアクロモバクター（*Achromobater*），シュードモナス（*Pseudomonas*）等の腐敗細菌が，約10%の食塩濃度でボツリヌス菌（*Clostridium botulinum*）や大腸菌（*Escherichia coli*）の生育が阻止される．

しかし微生物の中には10%以上の食塩濃度でも増殖するものがある．食中毒菌である黄色ブドウ球菌（*Staphylococcus aureusu*）は，11%以上の食塩濃度でも生育できる．味噌，醤油中に見出される乳酸菌，ペディオコッカス（*Pediococcus*）は，食塩濃度16%まで生育でき，味噌酸敗の原因となる．ハロバクテリウム（*Halobacterium*）は，海塩（天日製塩）中に含まれる高度好塩性菌で，食塩濃度20%から飽和食塩水濃度下でも生育できる．

酵母類は，細菌類に比べて耐塩性が強く，醤油の製造に関与するチゴサッカロミセス（*Zygosaccharomyces*）は，15%以上の食塩濃度でも生育できる．さらに他の産膜酵母の中には20%以上の高濃度の食塩水中でも生育できるものもある．

カビ類は，一般に食塩耐性が強いが，好塩性カビ（好乾性カビともいう）の中には，20%以上の食塩濃度でも生育できるものもある．

食塩を用いた保存食品に漬物がある．漬物は，近年低塩化し，保存漬でも3～6%の食塩濃度である．さらに即席漬や一夜漬の食塩濃度は，0.5～2%で，このような食塩濃度では，微生物の生育を抑制することはできない．そこで，これらの流通，保存の際には10℃以下に保つ必要がある．又，保存性を高めるために，食塩以外に保存性向上剤を利用する場合がある．この例として，ソルビン酸，有機酸，グリシン，エタノール，カラシ抽出物，キトサン等がある．

2）塩蔵による食品の変化

野菜の組織細胞は，細胞壁の内側に，半透性の細胞膜をもっているので，主に水分のみを通す．野菜の漬物を製造する時，野菜を塩蔵すると，食塩の浸透圧作用により，野菜の細胞内の水分が外部に排出される．この結果原形質が収縮し，細胞壁から分離する原形質分離という現象が起こる．それにつれて野菜の細胞の半透過性も失われる．野菜の組織は水が抜けて柔軟となり，外部から食塩や漬汁が浸透して味がつく．さらに細胞内では各種の酵素が働いて呈味成分が生成され，青臭みも消失する．漬け込み中には，有用な乳酸菌や酵母が繁殖して風味を助長する．さらに生成した酸やアルコールは一般細菌の増殖を抑制し貯蔵性を向上させる．

漬物工業用には，並塩や原塩が使われ，家庭では食塩，並塩，漬物塩等が使われている．漬物塩は，クエン酸塩，リンゴ酸塩等を添加して，漬け込み当初のpHを下げ，野菜の漬物に適するように改善されている．

肉類や魚類の塩蔵では，食塩の浸透圧による肉の脱水とほぼ同時に，食塩が肉中に浸透する．たて塩漬におけるタラ魚体の塩分吸収と水分減少では，初期に食塩が急速に食品中に浸透し，その後食塩の浸透は緩慢となり，最終的に平衡に達する．食塩の浸透速度は，食塩水濃度（高いほど浸透の速度が速い），塩漬け温度（高いと浸透の速度は速いが，魚肉の変質が大きくなるおそれがある），

表3-3-3　食塩・ショ糖の濃度と水分活性

水分活性	非電解質の理論値モル	食塩(%)	ショ糖(%)
0.995	0.281	0.9	8.5
0.990	0.556	1.7	15.5
0.980	1.13	3.4	26.1
0.960	231	6.6	38.7
0.940	3.54	9.4	48.2
0.920	4.83	11.9	54.4
0.900	6.17	14.2	58.5
0.850	9.80	19.1	67.2
0.800	13.9	23.2	—
0.750	18.5	—	—
0.700	23.8	—	—

表3-3-4　各種食品中の砂糖の含有量

品名	砂糖（%）
飲み物（紅茶，コーヒー）	8～10
甘酒（砂糖に換算）	12～15
アイスクリーム	12～18
水ようかん	20～25
しるこ	25～30
練りようかん	40～70
ジャム	60～70
氷砂糖	100

原料魚の性状（新鮮な魚は食塩の浸透速度が速い），食塩の純度（不純物の硫酸カルシウム，塩化マグネシウム，塩化カルシウム等は，食塩の浸透を妨げる）で異なる．ハム，ソーセージ等の製造の際，食肉は塩蔵により，保水性や結着性が向上し，保存性も高まり，風味も改善される．

塩辛は，魚介類や軟体動物の筋肉，内臓，卵等を塩漬けにし，腐敗を防ぎながら，原料の酵素作用や微生物の作用により熟成させたものである．熟成中に，原料のタンパク質や炭水化物，脂質は酵素作用によりペプチドやアミノ酸，ブドウ糖，乳酸等に変わり独特のうまみを呈する．

3・3・4　糖蔵

糖蔵とは，食品にショ糖を添加し，食品の浸透圧を高め，水分活性を下げて保存性を高めた貯蔵方法である．食品の浸透圧の強さは，溶質のモル数に比例する．ショ糖は食塩に比べて分子量が大きく，イオンに解離することもない．そこで，同じモル濃度の溶液を作るためには，ショ糖は食塩よりも多量に必要である（表3-3-3）．ショ糖の25℃の水への溶解度は，67.2%であり，水分活性は0.850を示す．この濃度で，大部分の細菌，カビ，酵母の繁殖は抑制されるが，好浸透圧性酵母や好稠性菌類は生育可能である．そこでこれらの生育を抑制するためには，ショ糖溶液に少量の酸を添加するとよい．ショ糖濃度を67.2%以上にあげると，過飽和でショ糖の結晶が析出しやすくなる．

しかし転化糖をショ糖に混合すると，最大糖濃度を75%まで増加することができ，糖の結晶析出を阻止し，水分活性をさらに低下させることができる．

ショ糖よりも分子量の小さいグルコース，フルクトースは，ショ糖よりも微生物抑制効果が高い．

糖蔵食品には，果実を原料とする各種ジャムや，砂糖漬け果実，牛乳を原料とする加糖練乳（コンデンスミルク）等がある．ショ糖を含む各種食品のショ糖含有量を示す（表3-3-4）．

ジャムのショ糖濃度は60～70%であるが，果実中の有機酸によりpHが低下し，さらに加熱により貯蔵性が高まっている．砂糖漬け果実には，果実を糖液に浸漬し，そのまま取り出したドレインドフルーツや，糖液を浸透させた果実の表面に砂糖の結晶を析出させたクリスタルフルーツ等がある．

マロングラッセ：茹でて渋皮を除いた栗を，バニラ風味の砂糖液につけ，徐々にその糖濃度を高めた後，軽く乾燥したものである．

クリスタルチェリー：チェリーを砂糖液で煮込んだ後，さらに濃い砂糖シロップをかけたり，濃いシロップにつけて表面に砂糖の結晶を析出させたものである．

加糖練乳：牛乳に16%のショ糖を添加し，約1/3に濃縮したものである．40～45%のショ糖を含むため防腐効果がある．

3・4　pHの制御による方法

微生物の生育は，食品のpHにより影響を受ける．細菌はpH6.5～7.5の弱酸性から，中性，弱アルカリ性にかけて生育しやすく，pH5以下ではほとんど生育できない（図3-4-1）．一方酵母は，pH4～6の微酸性の状態でよく生育する．カビはさらに酸性の強いpH3～5で生育しやすい．しかし例外もあり，細菌である乳酸菌や酢酸菌は，カビが生育する強い酸性下でも生育することができる．又，pH10～11でよく生育する好アルカリ性細菌もある．しかし，いずれの微生物もその細胞内pHは，細胞膜に存在するプロトンポンプによって中性に保たれている．

3・4・1　各種食品のpHと有機酸による微生物の制御

各種食品のpHを示す（表3-4-1）．pH4.5以上の食品を殺菌するには，100℃以上での比較的強い条件を必要とする．一方，果実類のように種々の有機酸を含む食品はそのpHも，4.5以下と低いので100℃以下の加熱で微生物を殺菌することができる．

食品に含まれる又は微生物により生産される有機酸はその種類により抗菌性も異なる．酢酸は最も抗菌性が強く，続いてクエン酸，乳酸，リンゴ酸，酒石酸の順である．酢酸は水溶液中で酢酸イオンと水素イオンに解離するが，この水素イオンが食品のpHを低下させて微生物の発育を抑制するとともに非解離型の酢酸も抗菌作用を示す．

$$CH_3COOH \rightleftarrows CH_3COO^- + H^+$$

非解離型酢酸分子　　酢酸イオン　　水素イオン

非解離型の有機酸分子は，解離型の有機酸イオンよりも微生物の細胞膜への透過性が高く，さらに透過した有機酸分子は，細胞内で解離して微生物にダメージを与えるからである．同じpHでも有機酸が塩酸，硫酸のような無機酸よりも微生物の生育を阻止する効果が大きいのはこの様な点が関係している．

3・4・2　酢漬け食品と有機酸発酵による加工食品

酢漬け食品の場合，野菜類，果実，魚介類等を塩漬け，脱水し，食塩を浸透させてから，酢を含む調味液に漬ける．この例としてらっきょう漬，しょうが梅酢漬，しめさば，魚のマリネ等がある．野菜類は酢漬により細胞壁からペクチンが溶出し歯さわりがよくなる．魚介類では酸によるタンパク質の変性や酸性プロテアーゼによる筋肉タンパク質の分解により，硬く，歯切れがよくなる．又魚肉の色は白みを帯る．

一方乳酸菌を利用して発酵させた食品には，すぐき漬，ぬか漬，ザワークラウトのような漬物類やなれずし（塩漬けした魚を飯にのせて長時間漬

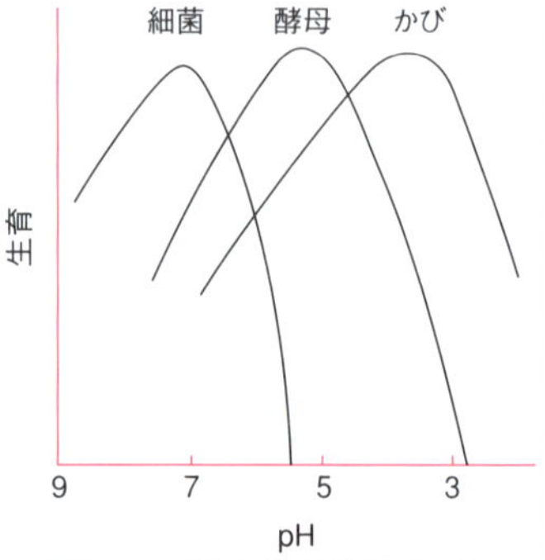

図3-4-1 微生物の生育とpH

けこみ発酵させたもの)，ヨーグルト等がある．すぐき漬，ぬか漬，ザワークラウト，なれずしの製造では原料にスターター（種菌）の乳酸菌を添加せず，漬け込み中に自然に乳酸菌等が生育し，独特の酸味と香気を生成する．一方ヨーグルトは，脱脂乳や生乳に乳酸菌スターターを添加して発酵させた食品である．乳酸菌は乳酸以外に，種々の抗菌性物質（ギ酸，酢酸，アセトアルデヒド，バクテリオシン（抗菌性のタンパク質やペプチド等）も生成するので，乳酸発酵食品は，食品のpH低下による微生物抑制効果に加えて，さらに抗菌物質により種々の有害微生物の繁殖を抑制することができる．微生物が生産する抗菌性物質を用いて微生物を制御する食品保蔵技術をバイオプリザベーション（biopreservation）という．

3・4・3　pHがアルカリ性の食品

こんにゃく：こんにゃく芋又は精粉を原料として製造した糊状のものに，水酸化カルシウム（消石灰）を添加して，半透明に凝固させたものである．

水酸化カルシウムはアルカリ性の塩類であるので，製品のこんにゃくのpHも11以上となっている．このためこんにゃくは1～4カ月の比較的長い賞味期限が設定されている．

あくまき：九州南部名産の本品は，もち米をあく汁に漬けてから，竹の皮に包み，少量のあくを入れた水の中で炊き上げたものである．

ちまき様の和菓子でやはりpHがアルカリ性なので貯蔵性がある．しかしアルカリにより米の中のビタミンB_1，B_2等が一部破壊されている．又リジノアラニンの生成により栄養価も若干低下している．

ピータン：アルカリ性の高い食品で，アヒル卵の殻に，食塩・石灰・草木灰を含む泥状物を塗り，かめに密封して貯蔵したものである．

アルカリ性の物質が卵殻を通して内部に浸透し，卵白や卵黄がゲル化し，含硫アミノ酸の分解により発生した硫化水素により卵白は黒褐色に，卵黄は青黒色になっている．

表3-4-1　食品のpHと加熱条件

食品の種類		pH	加熱条件
高酸性食品 酸性食品	果実類の缶詰	3.7以下 3.7～4.5	100℃ 以下
中酸性食品 低酸性食品	シチュー，カレー等調理食品，総菜， 魚の水煮，ハム，練り製品類	4.5 5.0～7.0	100℃ 以上 (115～120℃)
アルカリ性食品	カニ，エビの水煮	7.0以上	

3・5　化学的制御による方法

食品の種類によって変質や腐敗を招く要因はさまざまであり，個々の食品について適切な保存手段を講ずる必要がある．この節では化学的制御方法について述べるが，いずれも食品の特性から適切な制御と包装が必要となる．

3・5・1　食品添加物

食品添加物とは，食品の製造・加工時に必要となる場合に，あるいは食中毒を防止する等保存性の向上，品質・風味の向上，栄養成分の補填・強化等の目的で，食品に添加，混和されるもので，その使用に当たっては食品衛生法及びこの法律に従う食品衛生法施行令，食品衛生法施行規則，食品・添加物等の規格基準等により厳しい基準が定められている．食品衛生法では厚生労働大臣が指定した指定添加物と天然添加物である既存添加物，天然香料，一般飲食物添加物に分類される（表3-5-1）．

いずれもさまざまな毒性試験により安全性が認められた物質で，さらに各々の添加物の使用量は1日摂取許容量を超えないように食品衛生法で設定されている．保存性向上のために利用されている主な食品添加物の種類と用途及び他の目的のために使用される食品添加物を示す（表3-5-2）．なお，食品衛生法の規定にはないが，業界の自主基準により短期間の腐敗，変敗を抑制するため，酢酸ナトリウムやグリシン等が日持向上剤として保存料と区別して使用されている（食品には物質名が表示される）．

食品添加物には品質を確保するための成分規格や使用目的・方法等を定めた使用基準，製造に関する製造基準，保存安定性の低い添加物（エルゴカルシフェロール，β-カロテン他）に対して保存方法を定めた保存基準がある．さらに食品添加物の販売時に，製品に表示する内容を決めた表示基準があり，加工食品製造に使用された添加物は，加工助剤として使用したもの，キャリーオーバーのもの，栄養強化を目的としたものを除いて全て表示することが原則である．

3・5・2　薬剤殺菌

加熱すると品質やその価値が低下する食品に対して，非加熱で微生物を死滅させる方法として非加熱殺菌技術が開発・利用されており，化学的方法と物理的方法に大別される（表3-5-3，44頁）．化学的方法としては薬剤殺菌が行なわれ，ガス系と液体系に分類され，食品添加物として認可された殺菌料や食品に直接接触せず，工場内の機材や機器等の環境殺菌剤として使用されている．ガス系殺菌剤にはホルムアルデヒド，エチレンオキサイド，オゾン，塩素ガス等が用いられ，密閉された庫内で殺菌・殺虫が行なわれる．オゾンによる殺菌はその強力な殺菌力と共に環境に優しい殺菌法として利用されている．一方，液体系殺菌剤には食品衛生法で許可されている次亜塩素酸ナトリウム等の塩素系殺菌料や過酸化水素水のほか，ヨード系，界面活性剤系，アルデヒド系，アルコール系等が目的に応じて利用される．

又薬剤殺菌ではないが，保存料としても利用される酢酸，乳酸，クエン酸，プロピオン酸等の有機酸は，pH低下による微生物の発育を抑制する効果があり，特に酢酸の抗菌作用は強い．乳酸は穏やかな微生物制御として長期保存食品に利用される．

表3-5-1　食品添加物の分類

	品目名
食品添加物	指定添加物（445品目）*
	既存添加物（365品目）**
	天然香料（612品目）
	一般飲食添加物（104品目）

*　平成26年11月17日現在
**　平成26年1月30日現在

3・5・3　品質保持剤

品質保持剤とは，包装食品の品質保持の目的で補助的に使用されている脱酸素剤や鮮度保持剤のことで，食品の酸化及び変退色防止，カビの発生防止，食品の風味や香味の保持，虫害の発生防止等を目的として使用される．主に加工食品，菓子類等の容器包装中に封入され，比較的少量でも効果が発揮され，さらに安全性の高いものが利用される．

脱酸素剤は鉄の酸化反応により包装内の酸素を吸収し，食品の酸化等による悪変を防止し，食品の美味しさと鮮度が保持される．主として鉄粉が用いられ，共に封入される酸素検知剤が酸素の有無を色で知らせる．又，脱酸素剤としての効果を持続させるためには，酸素透過性の低い包装材を使用する必要がある．さらに食品の種類によりさまざまな脱酸素剤が用意されている．なお，本剤は食品腐敗の原因であるカビ等の好気性微生物の増殖抑制効果はあるが，嫌気性微生物等に対する抑制効果はほとんどない．

食品の鮮度を保持するものとしてエタノール，ビタミンC，リゾチーム等が利用されている．エタノールには微生物の増殖抑制や殺菌効果があり，さらに安全性も高いので，食品に直接添加あるいは噴霧，又は包装内に製剤として封入されている．製剤としての利用は，特定の小袋に充填された粉末アルコール（シリカゲルに吸着させたもの等）を包装食品中に封入し，適度に蒸散するアルコールの作用でカビ等の発生・増殖を防止し，品質が保持されるだけでなく，表面の硬化を防ぐ等美味しさも保持される．さらに食品を圧迫する必要はなく，最適な食品形態のまま流通・保存が可能となる．

3・5・4　害虫防除

食品の安全に関わる害虫は，穀物や乾燥加工食品を加害・汚染し，さらにこれらを栄養源とする貯蔵食品害虫（貯穀害虫）と病原菌を運搬する可能性のある衛生害虫に分別される．

貯蔵食品害虫の防除法は，物理的方法として高圧二酸化炭素殺虫法や電磁波の利用，化学的方法として臭化メチル等による燻蒸，生物的方法として寄生蜂等の天敵の利用，さらにニーム

表3-5-2　主な保存性向上のために用いられる食品添加物の種類及びその他の食品添加物

目的	用途		主な品名
保存性向上	殺菌料	微生物の殺菌・除去	過酸化水素，次亜塩素酸ナトリウム
	保存料	微生物やカビの繁殖防止，腐敗抑制	ソルビン酸，安息香酸，しらこたん白抽出物
	酸化防止剤	油脂の酸化防止，加工品の変色・渇変防止	L-アスコルビン酸，エリソルビン酸ナトリウム
	防かび剤	柑橘類等のかび発生防止	オルトフェニルフェノール，ジフェニル

目的	用途	主な品名
製造・加工に必要なもの	豆腐用凝固剤	硫酸カルシウム，塩化マグネシウム，グルコノデルタラクトン
	膨張剤	炭酸水素ナトリウム，ポリリン酸カリウム
	抽出溶剤（油脂）	ヘキサン，アセトン
	酵素	α-アミラーゼ，カタラーゼ，パパイン
	その他製造用剤	（ろ過助剤，酸剤，アルカリ剤，結着剤，消泡剤等）
品質・風味の向上	着色料	食用赤色2号，食用黄色4号，食用青色1号，紅麹，β-カロテン
	香料	ケイ皮酸，バニリン，メントール
	甘味料	キシリトール，アスパルテーム，サッカリンナトリウム
	酸味料	クエン酸，コハク酸
	調味料	5'-グアニル酸二ナトリウム，L-グルタミン酸
	乳化剤	グリセリン脂肪酸モノエステル，ショ糖脂肪酸エステル
	その他	（発色剤，漂白剤，増粘剤，ゲル化剤，安定剤等）
栄養成分の補填・強化	栄養強化剤	ビタミン類（A，B_1，C），アミノ酸類（L-グルタミン酸），エルゴカルシフェロール，β-カロテン，カルシウム

オイル等の植物由来の生理活性物質（忌避物質）による防除も行われている．化学的防除法の燻蒸は，薬剤が穀類，豆類等の作物の奥深くまで浸透して殺虫効果が強いが，主要燻蒸剤として利用されてきた臭化メチルはオゾン層破壊物質に指定され，全面的に禁止されている．安全性が高く，環境への負荷の少ない燻蒸剤や方法が切望されている．主な貯蔵食品害虫とその天敵を示す（図3-5-1）．

3・5・5　エチレン除去剤

老化ホルモンとも呼ばれ，青果物自身が排出するエチレンガスは，種子の発芽，成熟，老化という植物の一生に大きな役割を果たしているが，収穫後は鮮度の低下を促進する．包装された青果物の鮮度保持のためには，このエチレンを包装容器より吸着あるいは分解し除去する事が大切である．主な吸着剤には活性炭やゼオライト等の多孔質セラミックス，分解剤には過マンガン酸カリウムや臭素塩がある．一般的には吸着型より分解型の能力が優れているが，青果物の種類や熟度，さらに使用する包装材により鮮度保持効果が一様でなく，又使用後の除去剤の廃棄方法等も含めて最適な除去法の検討が必要となる．なお，エチレンの受容体に結合し，その作用を抑制する1-MCP（メチルシクロプロペン）の利用も報告されているが，人体への影響や最適な処理方法等の解明が課題となっている．

表3-5-3　非加熱殺菌の種類

殺菌方法		主な品名	
化学的	ガス系	ホルムアルデヒド，エチレンオキサイド，オゾン，塩素ガス	
	液体系	塩素系	次塩素酸ナトリウム，高度さらし粉
		過酸化物系	過酸化水素
		ヨード系	ヨード，ヨードホール
		界面活性剤系	カチオン界面活性剤，両性界面活性剤
		アルデヒド系	ホルマリン
		フェノール系	フェノール，クレゾール
		ビグアナイド系	クロルヘキシジン塩酸塩
		アルコール系	エチルアルコール
物理的	電磁波殺菌	電離放射線*	γ線 コバルト60，セシウム137
		電子線	10Mev以下
		X線	5Mev以下
		非電離放射線	紫外線　254nm（紫外線殺菌灯）
	超高圧		
	高電圧パルス		
	超臨界二酸化炭素		

＊日本では馬鈴薯の発芽防止にγ線が許可されているだけである

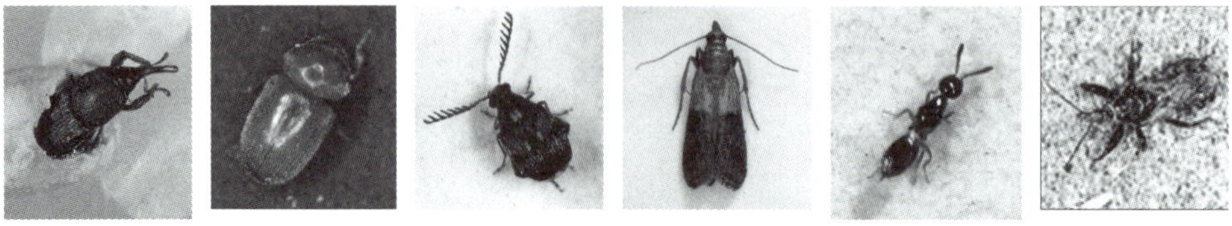

穀粒を加害するコクゾウムシ　乾燥動植物質を加害するタバコシバンムシ　アズキ，ササゲ等を加害するアズキゾウムシ　穀粉を加害するノシメマダラメイガ　加害幼虫に寄生するコクゾウホソバチ（寄生蜂）　加害卵，幼虫，成虫を食するコメグラサシガメ（捕食性カメムシ）

図3-5-1　主な貯蔵食品害虫と天敵（食品総合研究所食品害虫サイトより）

3・6　ガス環境の制御による方法

果実や野菜は収穫後も，生命活動を続けている．つまり常に呼吸をしており，呼吸によって，貯蔵物質を消耗し，品質の低下をまねく．この呼吸作用は低温保存をすることで抑制できるが，周辺の大気ガス組成を変えることでも抑制でき，その結果，青果物の品質を保ったままでより長く保存が可能になる．

3・6・1　CA貯蔵 （controlled atmosphere storage）

CA貯蔵とは，大気ガスの組成を調整して保蔵貯蔵する方法である．主に果実の長期貯蔵に利用される．青果物が利用できる酸素を減らすことにより，呼吸作用が抑制される．呼吸を抑制することで，糖類やアミノ酸等の嗜好に関与する栄養分が消費されないので，品質低下も抑制

表3-6-1　青果物のCA貯蔵と貯蔵期間

品名	温度 (℃)	湿度 (%)	ガス組成		貯蔵期間	
			CO_2 (%)	O_2 (%)	CA貯蔵	普通冷蔵
リンゴ（紅玉）	0	90-95	3	3	6～7（月）	4（月）
リンゴ（スターキング）	2	90-95	2	3-4	7～8	5
ナシ（二十世紀）	0	85-95	3-4	4-5	6～7	3～4
カキ（富有）	0	90-95	7-8	2-3	5～6	2
クリ	0	80-90	5-7	2-4	8～9	5～6
ジャガイモ（男爵）	3	85-90	2-3	3-5	8	6
ジャガイモ（メークイン）	3	85-90	3-5	3-5	7～8	4～5
ナガイモ	3	90-95	2-4	4-7	8	4
ニンニク	0	80-85	5-8	2-4	10	4～5
トマト（緑熟果）	10-12	90-95	2-3	3-5	5～6（週）	3～4（週）
レタス	0	90-95	2-3	3-5	3～4（週）	2～3（週）

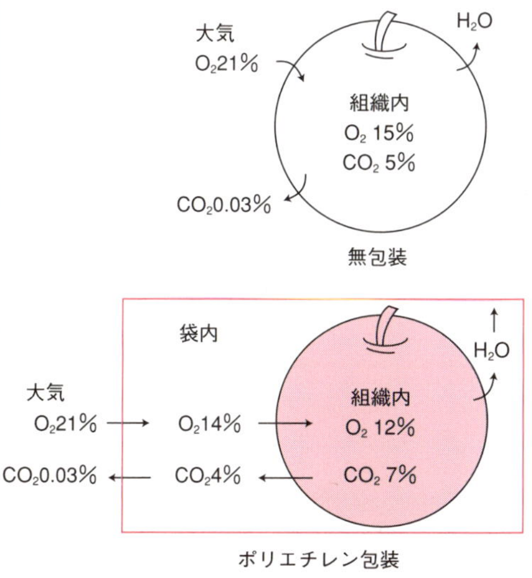

図3-6-1　MA包装による空気組成の変化

表3-6-2　脱酸素剤の分類

分類法	品名	
素材	無機系　鉄粉	
	有機系　アスコルビン酸，カテコール	
反応様式	自力反応型	
	水分依存型	
反応スピード	速効タイプ	
	一般タイプ	
	遅効タイプ	
用途	高水分食品用	
	中水分食品用	
	低水分食品用	
	超乾燥品用	
機能	単機能型	O_2吸収のみ
		O_2吸収＋CO_2発生
	複合機能型	O_2吸収＋CO_2発生
		〃 ＋アルコール発生
		〃 ＋その他
形態	小袋タイプ	
	タブレットタイプ	

できる．

通常は酸素濃度を3～7%，CO_2を2～10%に調整し，高湿度と低温の組合せで実施されることが多い．最適CA貯蔵条件と貯蔵可能な期間を示す（表3-6-1，45頁）．青果物の通常の冷蔵に比べ貯蔵期間は延びている．

3・6・2　MA包装（modified atomosphere packing），MA貯蔵

リンゴのポリエチレン貯蔵は鮮度が保たれ，腐敗の発生も抑制され，外観もとてもよい．これは貯蔵中の水分蒸発が抑制され，ポリエチレン袋内のガス組成が低酸素，高炭酸ガスとなり平衡状態を保つためである．果実の呼吸量と包装資材からのガス流出がうまく保てると，あたかもガス組成を調整したようになり，CA貯蔵と同様な効果を期待することができる（図3-6-1，45頁）．

3・6・3　脱酸素剤

MA貯蔵の一つとして脱酸素剤を利用する方法がある．脱酸素剤によって，密閉容器の酸素濃度を低下させ，青果物の呼吸量を少なくする薬剤である．（表3-6-2，45頁）．

3・6・4　ガス置換

不活性ガス（二酸化炭素や窒素ガス）を充填し，ガスを透過しない包装資材で包装することにより，品質を保ったままでの保存が可能になった．ガス置換包装が注目されるようになったのは，プラスチック包装材料が手軽になったからである．最も早く実用化されたのは，ガス遮断性に優れたアルミ箔積層（ラミネート）フィルムを用いた緑茶の窒素ガス置換包装である．窒素ガス置換と二酸化炭素・混合ガス置換の応用例とその目的を示す（表3-6-3）．

3・6・5　減圧貯蔵，真空包装

気体を大気圧の1/10以下あるいは限りなく真空に近い状態まで減圧して貯蔵，包装する方法である．酸素分圧を下げることにより，酸化反応が抑制され一般好気性細菌の増殖を抑制することができる．

真空包装機：真空度を調整し，二重シール・シール温度をコントロール，冷却も可．肉，魚，野菜，加工食品から，事前に調理した食材や食品等多用途に使用できる（図3-6-2）．

表3-6-3　ガス置換包装の応用例とその目的（石谷, 1999）

食品	ガス組成	目的
削り節	N_2	赤味保持，風味保持
海苔	N_2	変色防止，風味保持
お茶	N_2	酸化防止，風味保持
コーヒー	N_2	酸化防止，香気保持
スナック	N_2	酸化防止，風味保持
洋菓子, 和菓子	CO_2	カビの生育防止
チーズ	CO_2, N_2	カビの抑制
白米	CO_2, N_2	食味保持
ハム, ソーセージ	CO_2, CO_2+N_2	変色防止, 細菌の生育抑制（低温下）
生肉	CO_2+N_2	肉色素保持 細菌の生育抑制（低温下）
吟醸酒	N_2	香り保持

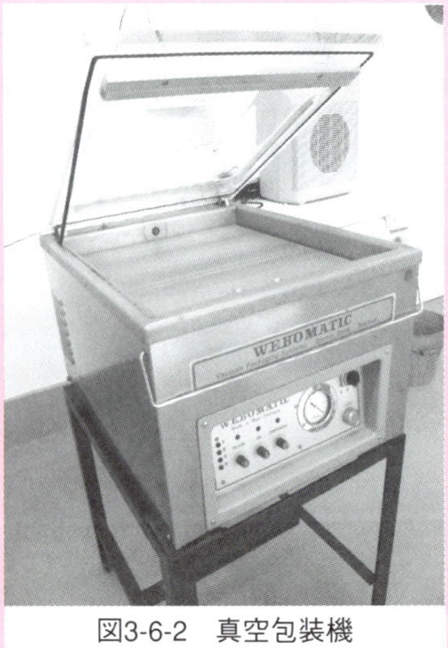

図3-6-2　真空包装機

3・7　包装の制御による方法

生鮮食品や加工食品は何らかの形で包装されている．包装は，食品の貯蔵，品質保持だけでなく流通・消費の分野でも重要な役割を演じている．食品包装の目的をまとめると以下のようになる．

① 内容物の保護（水分蒸発防止，異物混入防止，腐敗防止，酸化・変色・退色の抑制，香りの保持，賞味期限延長）

② 利便性（商品の保管，輸送，販売を効率化する）

③ 販売促進（包装容器の形やデザインで商品イメージを高める）

④ 情報提供（原材料，賞味期限等商品の情報を消費者へ提供する）

3・7・1　個装，外装

食品に直接触れる包装を個装（個包装）という．瓶詰，缶詰，レトルト食品の包装がこれに相当する．個装のままで流通することはまれで，装飾したものでさらに包まれる．最後にそれらをまとめてダンボール箱（外装）に詰め，流通する．外装にまとめられた個装の数が発注単位となる．

3・7・2　食品包装材の種類と特性

食品包装材の種類と特性を示す（表3-7-1）．これらの中で特に重要と思われるガラス，金属，紙及びプラスチックについて以下に説明する．

3・7・3　ガラス（ビン詰）

ガラスビンはソーダ石灰ガラス（Na_2O，CaO，SiO_2）を原料として製造されるので耐熱性，耐薬品性に優れている．洗浄により反復利用ができることから環境への影響の少ないリサイクル可能な材料である．重く割れやすいという欠点があったが，軽量ビン，強化ビン，プラスチック強化ビンが開発され，欠点は克服されつつある．

ビン詰めで注意を要する点は，ガラス製容器の中に食品を入れ栓をした後に加熱殺菌を行う時，ヘッドスペースを少なくし真空に保つことである．ビンとフタの接触部はゴムパッキンやコルクのガスケットにより気密性を保つことができる．

家庭でも簡単にできるホットパック（熱間充填）という方法がある．瓶詰めの内容物を70℃以上で保持し，パックに上部まで充填し，フタを閉めたら逆さにする．その状態をしばらく保つと熱い内容物がフタの部分を殺菌することになる．この方法は簡単なわりに効果があり，ジュース類，ジャム類を保存料を使用せずに貯蔵することができる．

3・7・4　金属（缶詰）

鉄板の内側をスズ（Sn）でメッキしたブリキを用い缶の容器を作り，その中に食品を詰めた．缶ごと加熱した後，フタをロウや錫で閉めると保

表3-7-1　食品包装材の種類

素材	例
木	茶筒，樽酒，経木
紙	段ボール，紙容器，セロファン，
布	天然繊維，化学繊維
金属	ブリキ缶，アルミ缶，アルミホイル
ガラス	広口ビン，細口ビン，
プラスチック	ポリエチレン，ポリプロピレン，ポリ塩化ビニル
プラスチック複合材料	プラスチック同士，プラスチックと紙や金属との複合

図3-7-1 プルトップ付きイージーオープン缶

存性が極めてよくなることが分かった．日本ではイワシの油漬けの缶詰が初めとされている．

スズの溶出が問題になり，鋼版の表面を酸化クロム処理をした缶（TFS缶，tin free steel can）が開発された．TFS缶は内容物により腐食されることもある．最近ではそれを防止するために，エポキシ樹脂やフェノール系樹脂の塗料により内面塗装を施した缶が多く利用されている．

缶の素材は主にアルミニウム又は鉄で，アルミ製のものはアルミ缶，鉄製のものはスチール缶又はブリキ缶と呼ばれる．TFS缶はレトルト殺菌に耐えられるものも開発されている．

現在では，容器に開封用のプルトップがついており，缶切りがなくても開けられるものが増えている．缶そのものに開封の仕組みを付与した缶をイージーオープン缶と呼ぶ（図3-7-1，47頁）．

1）ピース缶の製造方法

底と胴体が一枚の板から作られるDI缶（Drawing-Ironing缶）と呼ばれるものがある．DI缶はビールや炭酸飲料等に使用され，底がドーム状にへこんでいるものである．

厚さ0.3mm前後の金属の素板を円板に打ち抜くと同時に円板の外側を押さえ，中心部をプレスして浅い円柱にし，この円柱の直径を小さくしながら側壁をしごき金属の延展性を利用し薄く伸ばす（図3-7-2）．

3・7・5　紙

紙，板紙製容器を用いたダンボール箱，一般紙容器，複合紙容器がある．低価格で機械的強度が強く印刷性がよいという特徴があり，多く使用されている．一般容器には，薄紙を用いた紙袋，板紙を用いた紙容器，これらにプラスチックをコーティングしたもの等がある．

複合紙容器は，紙容器にプラスチック，金属箔等を複合化（ラミネート）し，内容物を保護する機能を一層発展させたものである．複合容器の発展過程を模式化したものを示す（図3-7-3）．ジュース，お酒，牛乳等の液体食品の品質を保護するために，複合紙容器の役割が重要になっている．

3・7・6　プラスチック包装材料

フィルムや容器の原料となる合成樹脂（プラスチック）の性質等を示す（表3-7-2）．これらの中で，ポリエチレン（PE），ポリプロピレン（PP），ポリスチレン（PS），ポリ塩化ビニル（PVC），ポリ塩化ビニリデン（PVDC），ポリエステル（PET），ナイロン（N，Ny），ポリカーボネート（PC）の使用される頻度が高い．

3・7・7　フィルムを用いた包装

1）ストレッチ包装

小売店で，魚や肉等が入っているトレーの周りを透明のフィルムで包みその粘着性を利用して裏側で接着させるもので，生鮮食品の流通，販売の合理化に大きな役割を果たしている．このフィルムは，家庭でもラップと呼ばれよく使われている．

2）ストリップ包装

薬の錠剤を1個1個あるいは一定量を単位として包装する包装．連続した帯状に区画包装され，熱

図3-7-2　DI缶

紙 ―――――――――― 複合化
↑　　　↑　　（薄く伸ばす，
金属　プラスチック　積層する）

図　3-7-3　紙容器の複合化（ラミネート）

によりシール（圧着）し，ミシン目を入れ，簡単に切り取る事ができる．

3）シュリンク包装（収縮包装）

熱で収縮するフィルムで商品を包み，物を包んだ後に熱収縮させるもので，ハム，ソーセージ等によく使われる．最近では用途が広がり，雑貨や工業製品にまで応用される．

3・7・8　ラミネートフィルム

プラスチックフィルムは気体不透過性（バリア性），強度，耐熱性（熱接着性の反対）の点で劣る場合がある．紙の場合と同様，複合化によりこれらの欠点を補足している．すなわち異なるプラスチック同士あるいは金属薄膜とプラスチックフィルムを積層（ラミネート）する方法．

1）ラミネートフィルムの設計

包装する商品に適合したラミネートフィルムを設計してみよう．

①中心となる部材（強度のあるもの）を決める．

②バリア性，耐水性，耐油性，耐熱性等の商品に必要な機能性を持ったフィルムを組み合わせる（表3-7-2）．

例えばレトルトカレー用のラミネートフィルムとしては耐熱性のナイロン/ポリプロピレン，ポリエステル/アルミ箔/ポリプロピレンの組合せが考えられる．いくつかの食品包装用ラミネートフィルムの構成とその用途を示す(表3-7-3,50頁)．

3・7．9　包装のリサイクルについて

高度成長期以降，容器包装の使用量は年々増加し，その廃棄物も現在家庭から出るゴミの約6割を占めている．こうした状況を踏まえ，容器包装廃棄物の減量化と再資源化を促進するため，平成7年に容器包装リサイクル法が制定され，平成12年に全面施行された．さらに，事業者・自治体・消費者相互の連携を図り，より一層の効果をあげるため平成18年に一部改正された．

この法律は，消費者，市町村及び事業者各々の役割分担を明示し，大切な資源 を有効利用（リサイクル）することで環境に負担の少ない循環型社会の構築を目指している．すなわち ，消費者は市町村が定める分別収集基準に従って分別排出する役割を果たし，市町村には，家庭から排出される容器包装を分別収集・保管する責任が課せられ，事業者は，利用した容器包装の量に応じた再商品化の義務を負う．再商品化義

表3-7-2　プラスチック包装材料の特徴

略称	名称		特徴，使用例
Cel	セロファン	再生セルロース	透明，強度がない，耐水性がない
PE	ポリエチレン	$CH_2=CH_2$	安価，汎用性フィルム，熱接着性（ヒートシール性） インフレーション法，Tダイ法，低密度，高密度
PP	ポリプロピレン	$CH_2=CH$ $\quad CH_3$	延伸フィルム（OPP）は透明性がありコシがある 水蒸気透過性が低い（乾燥食品の防湿）
PS	ポリスチレン	$CH_2=CH$ $\quad C_6H_5$	透明性，成形性，ヒートシール性に優れている．安価． フィルムは気体透過性が高い（青果物の包装）
PVC	ポリ塩化ビニル	$CH_2=CH$ $\quad Cl$	硬くて熱安定性が悪い モノマーの問題で食品包装材料としての地位は低下
EVA	エチレン・酢酸 ビニル共重合体	$CH_2=CH_2$ $CH_2=CH_2-O-CO-CH_3$	柔軟性，弾力性に富んだ樹脂．積層（ラミネート）フィルム ヒートシール層として用いられている．接着剤
N (Ny)	ナイロンアミド 結合	$-CO-NH-$	カプロラクタムを原料とするナイロン6が主体 フィルムは引っ張り強度，衝撃強度，耐熱性に優れている
PET	ポリエステル		耐熱性，耐衝撃性，ペットボトル
PC	ポリカーボネート	$-O-(CO)-O-$	透明，耐衝撃性が抜群．CD，DVD，旅客機の窓， サングラス，光ファイバーに使用
PVDC	ポリ塩化 ビニリデン	$Cl_2C=CH$ $CH_2=CH$ $\quad Cl$	塩化ビニリデンと塩化ビニルを共重合して得られる 無色透明で気体遮断性が優れる．冷蔵庫用ラップフィルム

務の対象になる素材は次の6品種である．

① 無色のガラス製容器

② 茶色のガラス製容器

③ その他の色のガラス製容器

④ ペットボトル

⑤ ダンボール，紙以外の紙製容器包装

⑥ ペットボトル以外のプラスチック製容器包装

リサイクルマーク：消費者がその製品がリサイクルできるかどうかを判別するために表示されるマーク．再生資源利用促進法（現在の資源有効利用促進法）が施行され，スチール缶，アルミ缶にリサイクルマークが義務づけられた．又容器包装リサイクル法の施行に伴い，PETボトルを識別するPETマークが，さらに2001年4月からは，紙とプラスチックの識別マークを容器包装につけることが義務づけられた．リサイクルマークの例を示す（図3-7-4）．

3・7・10　食品包装材のまとめ

ラミネートフィルムを用いた包装や包装容器は缶詰，びん詰の発明と同様に食品貯蔵に変革を起こした．食品包装材料に求められる要件について，代表的な包装材料を比較した結果を示す（表3-7-4）．経済性や多様性でラミネートフィルムの優位性が表れる．

表3-7-3　食品包装用ラミネートフィルムの構成とその用途

ラミネートフィルムの構成	用　途
セロファン/PE	つくだ煮，スナック菓子
延伸Ny/PE	冷凍食品，液体スープ
紙/PE	ジュース，牛乳
延伸PP/未延伸PP	スナック菓子，粉末食品
PET/PE	冷凍食品，液体スープ，もち
延伸Ny/未延伸PP	レトルト食品（透明パウチ）
PET/アルミ/未延伸PP	レトルト食品（不透明，バリア性）
未延伸PP/EVA/PE	水産加工品，ハム･ソーセージ
PET/アルミ/PE	ジュース，牛乳，酒

延伸：縦横とも引っ張りの力に対して強く伸びのない性質のフィルム

未延伸：引っ張って伸ばしていないフィルム

図3-7-4　各種リサイクルマークの例

表3-7-4　包装材料として要求される性質

	金属	ガラス	プラスチック	ラミネートフィルム
衛生，安全	○	○	△	△
保護性　保護性	○	○	△	○
バリア性	○	○	△	○
安定性	○	○	△	○
作業性	○	△	○	○
便利性（開封しやすい）	×	○	○	○
商品性（中が見える，印刷）	×	○	○	○
経済性	△	△	○	○
多様性	×	×	○	○

○：適，　×：不適

4

食品の加工　各論

4章　食品の加工　各論

我々は毎日に多様な食品を口にしている．その形態は原料を想像できる物もあれば，様々な手を加え何が原料であるか思いもつかない物もある．原料の特徴を活かし，その活用を図ると共に，食する人の健康を増進させため様々な工夫が重ねられてきた．食品の加工の歴史は，まさに人類に食を確保するために英知を傾けた歴史でもある．本章では，各種原料の特性とその特性を利用した食品の加工について学習する．

4・1　穀類

穀類は米，小麦，トウモロコシ，大麦，エンバク，ライ麦，モロコシ，アワ，キビ，ヒエ，ソバ等の種実の総称であり，タデ科のソバ以外は，すべてイネ科に属する．米，小麦，トウモロコシは世界三大作物と呼ばれ，それぞれ年間約5億トン生産されている．

穀類は水分が15%前後で貯蔵性，輸送性に優れ，又食味が淡泊で，常食に適し，エネルギーの給源としての役割を果たしている．

4・1・1　米（rice）

稲の種実で，熱帯又は温帯地域で広く栽培され，その生産量の90%以上がアジア諸国に集中している．米は胚乳部が硬く粉になりにくいため，精白して炊飯し食べることが多い．わが国ではその90%以上が米飯として消費されているほか，清酒，ビール，味噌，醤油等の醸造用原料や，米菓，米粉等の加工原料に用いられている．

又，近年では米の利用の多様化を図るため，新しい形質の品種が開発されている（表4-1-1）．

表4-1-1　開発されている新しい米

種類	特徴
低アミロース米	うるち米とモチ米の中間的性質（ミルキークイーン）
高アミロース米	インディカ種のようにアミロースが多い（ホシユタカ）
低グルテリン米	腎臓病患者用（LGC）
低グロブリン米	米アレルギー患者用（フラワーホープ）
香り米	新米の香りが強い（キタカオリ）
巨大胚米	胚芽が通常の2～3倍で栄養成分豊富（ハイミノリ）
有色米	赤米，黒米．色素の機能性にも注目（オクノムラサキ）
大粒米	粒の重さが1.5倍（オオチカラ）
小粒米	通常の3/4の重さ以下（関東170号）
長粒米	日本米と長粒種を掛け合わせた香り米（サリークイーン）
超多収穫米	ハイブリッド等も含む
観賞用米	もみの先の毛の部分に色が付いたもの（ベニロマン）

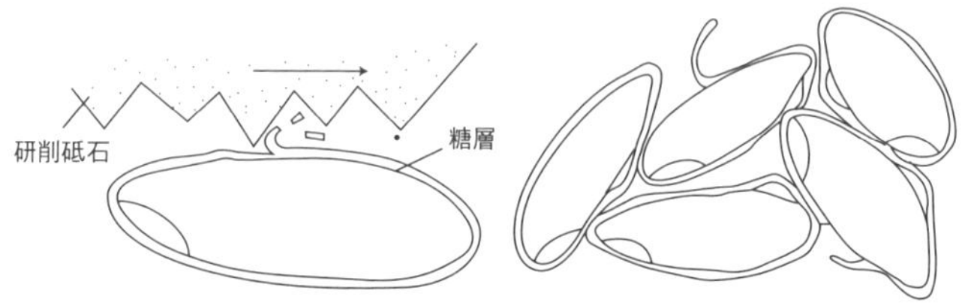

図4-1-1　研削式精米の原理（左）と摩擦式精米の原理（右）

精米：稲から脱穀して得られた穀実を籾米といい，これを水分14～15%程度までに乾燥し，もみ米より籾(もみ)を除いたものが玄米である．玄米より，糠層（果皮，種皮，外胚乳，糊粉層）及び胚芽を除去する操作を精米（搗精(とうせい)，精白）という．

玄米の糠の重量割合は6～7%，胚芽は2～3%で，その除去の程度によって，精白米のほか，七分づき米，五分づき米等がある．精米が進むにつれて，種皮，糊粉層が除かれるので，吸水性が向上し，炊飯が容易になり，消化及び食味がよくなる．

1）精米の原理

精米には摩擦式，研削式がある．摩擦式は，外部から米粒に圧力を加え米粒相互の摩擦作用及び米粒と金網による擦離作用によって糠層をはぎ取る．研削式は，高速で回転する金剛石ロールで米粒表面を切削し，研削，衝撃作用による糠層の分離が行われる．この方式は，米粒に対する圧力が小さいため砕米の発生が少なく，高品質の精米ができる（図4-1-1）．

最近，大規模精米工場では，精米原理を組合せた方式が採用されている．この方式は初め研削作用，次に仕上げ工程は摩擦作用によって精米する．

2）米の加工

米粉（穀粉）：うるち米及びもち米を製粉したもので，おもに米菓，和菓子原料として用いられる．原料ならびに製造方法の違いにより種類が多い（図4-1-2）．

アルファ化米：精白米を水に十分浸漬し，炊飯あるいは蒸煮によってデンプンを糊化（α化）させたあと，直ちに80～120℃にて水分8%程度にまで乾燥し，米飯組織を固定化する．熱湯を加えるか短時間煮るだけで，飯として利用できる．

レトルト包装米飯：製造には，米飯を袋詰し，殺菌する方法と，生米を袋詰めしたあと，炊飯と殺菌処理を行う二つの方法がある．袋のまま熱湯で10分間程度の加熱で食せる．

無菌包装米飯：大釜で炊飯し，米飯を無菌室にて容器に計量し包装する方法と，米を容器に入れ

- 穀粉
  - 生のまま
    - モチ米
      - 白玉粉（湿式粉砕）
      - 求肥粉（乾式粉砕）
    - ウルチ米
      - 上新粉
      - 上用粉（微粉末）
  - 糊化したもの（α化）
    - モチ米
      - 寒梅粉
      - 手焼味甚粉
      - 上早粉
      - 道明寺粉
      - 上南粉
    - ウルチ米
      - 早並粉
      - 上南粉

図4-1-2　米粉の種類

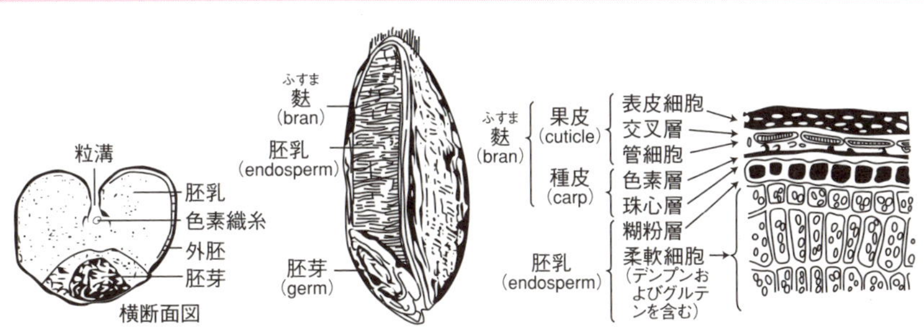

図4-1-3　小麦の縦断面及び横断面
（出典：What Flour Institute, Chicago）

小麦粒子の断面

て個食炊飯し，そのままシールして無菌密封する方法がある．無菌米飯とも呼ばれる．

4・1・2　小麦

小麦は米，トウモロコシとともに世界的に重要な穀物の一つで，温和な雨の少ない気候の地域に適し，カナダ，アメリカ，オーストラリア，アルゼンチン，ロシア等が主要な生産国である．小麦は，胚乳部がもろく，製粉が容易であるため米のようにそのまま食されることは少なく，小麦粉としてパン類，めん類，菓子類等に加工されるのが大部分で，他に醤油，味噌，デンプン等の原料や飼料として利用されることも多い(図4-1-3,53頁).

1）小麦の種類

現在，世界で生産される小麦の90％は普通小麦（パン小麦）で，その他，マカロニや，スパゲッティに適しているデュラム小麦，菓子用として適性が優れているクラブ小麦等がある．又，粒質から硬質小麦，中間質小麦，軟質小麦に分けられ，小麦粉の加工特性が異なる．

硬質小麦は，粒が硬く胚乳組織が密で，断面がガラス状を呈し，タンパク質含量が高くパン用に向く．軟質小麦は粒が軟らかく，タンパク質量が少なくて菓子用に向く傾向がある．両者の中間的なものを中間質小麦といい，日本の小麦のほとんどは中間質小麦である．

2）小麦粉の製粉原理

小麦の胚乳は粉になりやすく，外皮は砕けにくい．この性質を利用し，粉砕と篩別（ふるいわ）けを組合せることによって，外皮の混入しない小麦粉が得られる．

製粉にはロール式粉砕機が用いられ，精選された小麦は，胚乳と外皮との分離性をよくするために調湿されたあと，ブレーキロール（目立）及

表4-1-2　小麦粉の種類と性質，生地の特徴と主な用途

	薄力粉	中力粉	強力粉	デュラム・セモリナ
原料小麦	軟質・粉状質	中間質	硬質・ガラス質	硬質・ガラス質
粒度	非常に細かい ←		→	粗い
タンパク質量（%）	6〜9	9〜11	11〜13	11〜14
生地の粘弾性	非常に弱い ←		→	非常に強い
おもな用途	菓子・ビスケット	麺	パン	パスタ

表4-1-3　小麦，小麦粉の種類とその加工品

製品＼小麦	硬質小麦			中間質小麦	軟質小麦	
製品＼小麦粉	強力小麦粉	準強力小麦粉	マカロニ用セモリナ・粉	中力小麦粉	薄力小麦粉	その他（下級粉）
食パン	◎					
菓子パン	○	◎				
フランスパン	○			○		
グルテン・デンプン	◎	○				
中華麺	○	◎				
麩	◎	○		○		
マカロニスパゲティ			◎			
日本麺				◎		
和菓子				○	◎	
クラッカー				○	◎	
ビスケット				○	◎	
クッキー					◎	
ケーキ					◎	
家庭用薄力粉					◎	
糊				○	◎	
接着剤						◎

◎：主に使われる　○：少し使われる

びリダクションロール（滑面）によって段階的に粉砕され，ピュリファイヤーとシフターによって小麦粉とふすまに分離される．小麦粉の歩留りは75〜78%程度である（図4-1-4）．

3）小麦粉種類と加工特性

小麦粉はタンパク質含量によって強力粉，中力粉，薄力粉に分類される（表4-1-2）．これらはタンパク質の量だけではなく，小麦粉に水を加え練って形成される生地の質にも差があり，その特徴をまとめた（表4-1-3）．又，生地の物理的な特徴をファリノグラフやエクソテンソグラフで測定することができる．各小麦粉のファリノグラム（図4-1-5），エクステンソグラム（図4-1-6）を示す．

このような小麦生地と特性は，小麦粉中主要タンパク質である球状タンパク質のグリアジンと繊維状タンパク質のグルテニンが吸水膨潤し，練ることによって複合体のグルテンが生じ，これがデンプン粒を包合した編み目構造を作り出すことによる．グリアジンとグルテニンは，小麦の特有のタンパク質であり，他の穀類には存在しない（図4-1-7，56頁）．

4）小麦の加工

a）パン：パンはめんとともに代表的な小麦粉の加工品で，小麦粉（強力粉,準強力粉）に水を加えて調製した生地組織を炭酸ガスで膨化させ，焼上げた食品である．

b）パンの種類：パンの種類はきわめて多く，膨化方法の違いにより発酵パンと無発酵パンがあり，さらに発酵パンは原料配合によりアメリカ式とヨーロッパ式に大別される．発酵パンは酵母の発酵作用によって発生する二酸化炭素によ

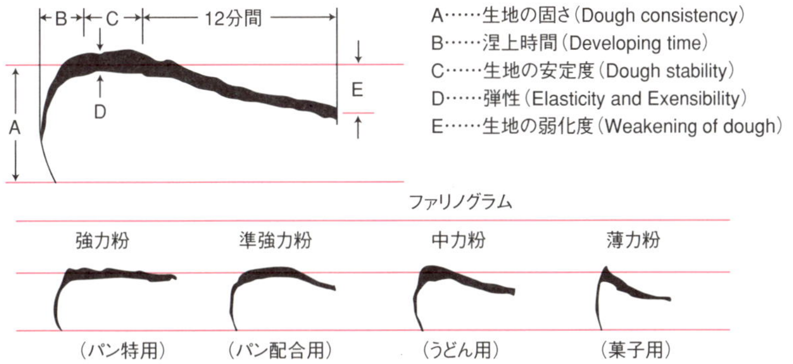

図4-1-5　各種小麦粉のファリノグラム

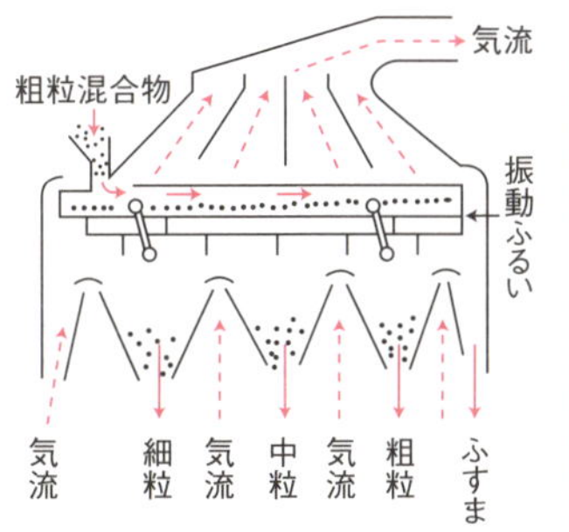

図4-1-4　ピュリファイヤーの構造

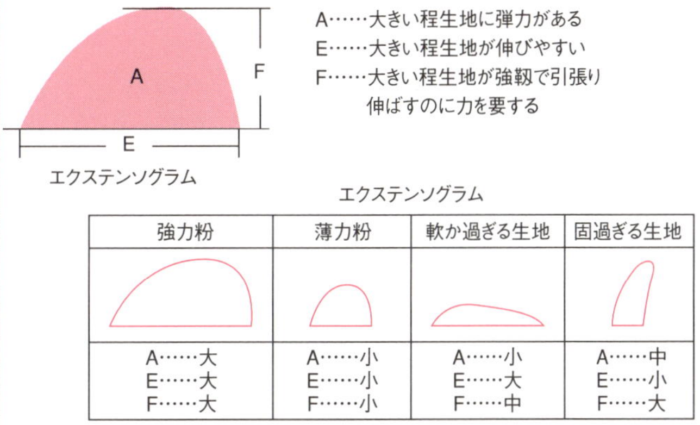

図4-1-6　各種小麦粉のエクステンソグラム

り生地の膨化が行われる．無発酵パンはベーキングパウダーの加熱分解によって二酸化炭素を発生させるもので，蒸しパン，カステラ等がある．

c）製パンの基本原料：小麦粉，酵母，食塩，水であり，ヨーロッパ式はこの基本原料だけでつくられ，リーンブレッドと呼ばれる．又，アメリカ式は基本原料に味，香り，栄養価，外観を向上させるため砂糖，油脂，ミルク等の副原料を配合したもので，リッチブレッドと呼ばれる（表4-1-4）．

5）製パンの原理

製パンの原理を示す（図4-1-8）．パンは多くの場合，小麦粉の生地が酵母の発酵よって発生する二酸化炭素によって膨化して作られる．酵母は発酵によって二酸化炭素の他，アルコール，有機酸等を作り出し，パンに風味を与える．

6）製パン法

製パンには全原料を同時に仕込み，生地をつくり発酵させる直捏法と，小麦粉の大部分に酵母と適量の水を加え生地（中種）をつくり，十分発酵させたあと，これに残りの全原料を加えて本捏を行う中種法がある（図4-1-9）．

直捏法は発効時間が短く，小麦粉の特徴を活かしたパンができるが，発酵時間や温度の影響を受けやすく，生地の機械耐性が悪いため量産には適さない．一方，中種法は小麦粉の品質，発酵条件等の影響を受けにくく，機械耐性の優れた生地ができ，量産に適している．

7）めん

めんは小麦粉のほか，そば粉，米粉，デンプン等を原料とし，これに水，食塩等を加え練合させ，細長い線状に成形したもので，うどん，そうめん，そば，中華めん，マカロニ類，ビーフン，はるさめ等がある．

製造法：切出し式と押出し式があり，前者は，うどん，そば，中華めん等の製造原料をこねてめん帯をつくり，これを線状に切る．後者は，マカ

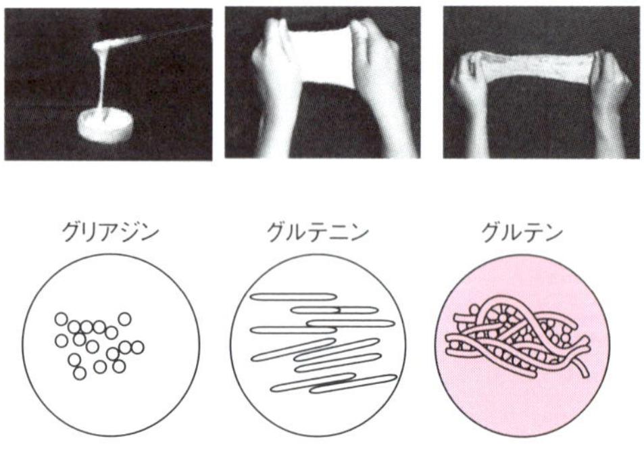

図4-1-7　グルテンの形成と性状

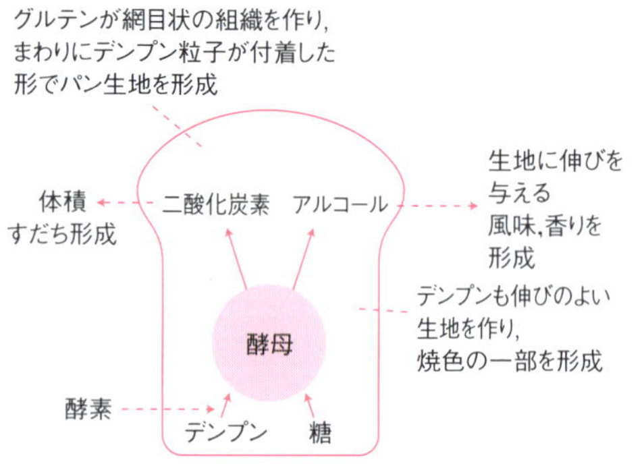

図4-1-8　製パンの原理

表4-1-4　製パンにおける食塩，砂糖，油脂の役割

原料	配合		製パンにおける役割
食塩	食パン	1.5～2%	・生地の粘弾性を高める
	菓子パン	0.5～1.5%	・有害菌の増殖を抑え，酵母の発酵を安定化させる．
砂糖	食パン	4～6%	・酵母が資化し，二酸化炭素の発生によってパンの膨らみがよくなる
	菓子パン	15～35%	・パンに甘味を与える．
			・外皮の焼き色をよくする
			・生地に柔軟性を与え，デンプンの老化を抑え，焼き上がり後の硬化を抑制
油脂	食パン	4～6%	・グルテンと結合し，その進展性を増加させることによって，生地の延びがよくなることにより，きめ目の細かいソフトなパンができる．
	菓子パン	5～60%	・パンの水分蒸発を防ぎ，デンプンの老化を遅らせ，パンの硬化を抑える．
			・風味を改善する．

ロニ類，ビーフン，はるさめ等の製造に用いられ，圧力をかけて生地をダイス（鋳型）から押出して成形する．又，成形後の処理法により，生めん，蒸めん，ゆでめん，乾めん等がある．

うどん：中力粉100に対して，水30～36，食塩2～3を加え，めん帯をつくり，これを7.5～1.8mm幅の線状に切り出したものである．

手延そうめん：うどんの一種で，乾めんの原型である．準強力粉あるいは強力粉100に対し，水45～50，食塩6を加え生地を作り，これを5～6cmの太さに切る．粉に対して約2%の綿実油又はごま油を表面に塗りながらめん帯を引延ばし，乾燥する．JASでは，直径が1.3mm未満の丸棒状に成形したものと規定され，直径1.3mm以上1.7mm未満のものは手延ひやむぎと呼ばれる．

そば（日本そば）：そば粉が主原料であるが，めん線ができにくいことから，つなぎ材として小麦粉が20～80%加えられる．つなぎ材としては，

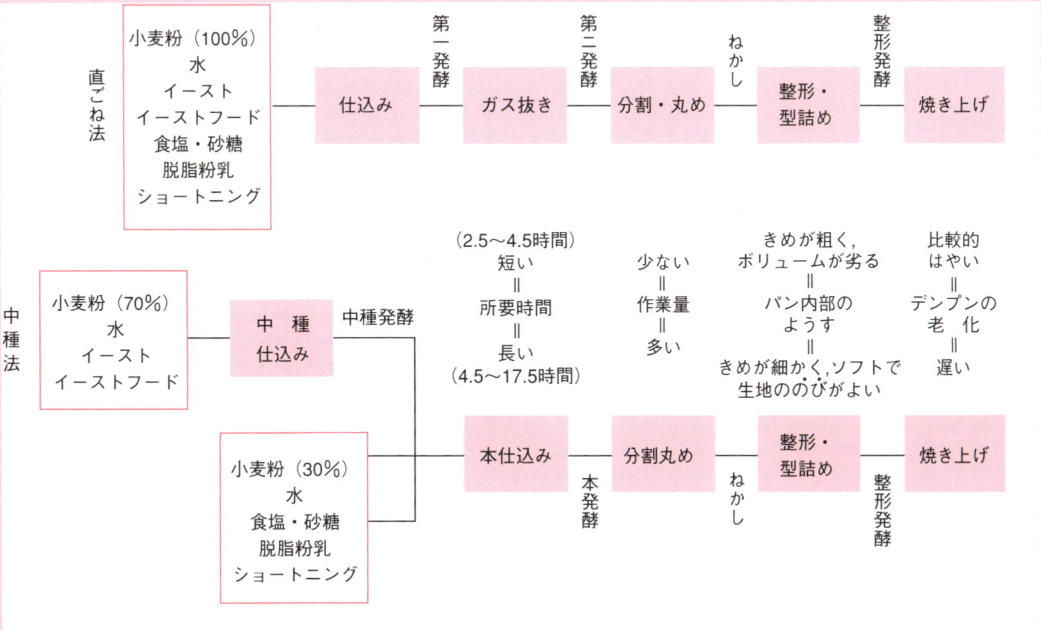

図4-1-9　直捏法と中種法の工程の概要

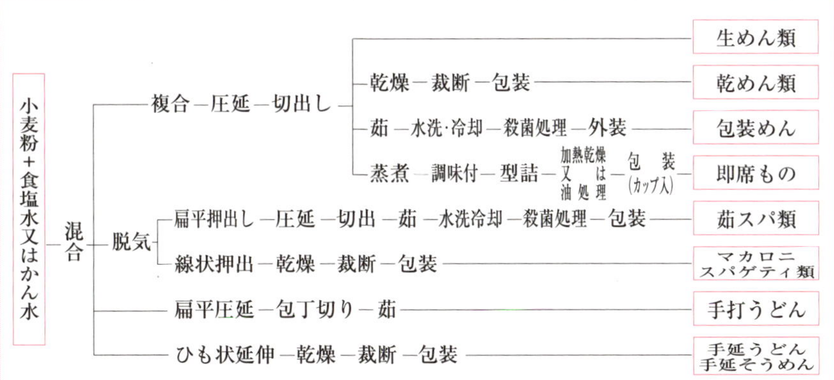

図4-1-10　めん類の製造工程

卵白，山芋，デンプン，ふのり等も用いられる．

中華めん（ラーメン）：強力粉又は準強力粉100に対し，食塩0～2，かん水0.8～1.2，水30～35を加えて生地をつくる．弱アルカリ性のかん水の添加が特徴的で，これによって生地の弾力性が高くなり，中華めん特有の性質が付与されるとともに，小麦中のフラボノイド色素がアルカリ発色して黄味を帯びる．

マカロニ類：デュラム粉又はこれに強力粉を配合したもの100に対し，約35℃の温水23～30を加え混捏する．これを600mmHg程度で脱気したあと80～150kg/cm^{2}の圧力で鋳型から押し出し，適当な長さに切り，乾燥する．JASではマカロニは2.5mm以上の管状又はその他の形状に成形したもの，スパゲッティは直径1.2～2.5mm未満の棒状のものをいう．

4・1・3　その他の穀類

トウモロコシ：米，小麦とならび世界的に重要な穀物で，食料及び飼料として用途が広い．

コーンミール：トウモロコシより外皮，胚芽を除き，ひき割りにした粉．小麦粉に混ぜて用いることが多い．

コーンフラワー：トウモロコシを粗砕し，希アルカリ液にてタンパク質や脂質等を除き，細粉にしたもの．小麦粉と混ぜて製菓，製パンに用いられる．

コーンフレーク：トウモロコシを脱胚芽せず，アルカリ処理及び高温加熱によって外皮を除去しひき割り圧偏したものを味付けして焙焼する．

ライ麦：ライ麦は化学的組織及び成分の内容から小麦に類似している．北欧，ロシア等では重要な食料で，製粉されライ麦パンに加工されるほか，発酵原料及び飼料として利用される．

エンバク：古くから食料及び飼料として欧米で広く利用されている．ロールドオート，オートミール等に加工され，朝食用シリアルとして用いられる．

ソバ：ソバはタデ科に属するが，種実の性質及び用途が穀類と似ているため，食品分野では穀類として取り扱われている．主に製粉し，そば切り，そばがき，そば菓子等に加工される．

アワ：わが国では，古来重要な穀物であったが，今日，きわめて生産量は少ない．粟あめ，粟おこし，粟もち等に加工される．

ヒエ：アワ同様，重要な食糧の一つであった．長期貯蔵に耐えるが，組織が硬いため精白し難く，精白歩留りは60％程度である．精白米との混炊のほか，あめ，味噌，酒等の製造原料としても有効である．

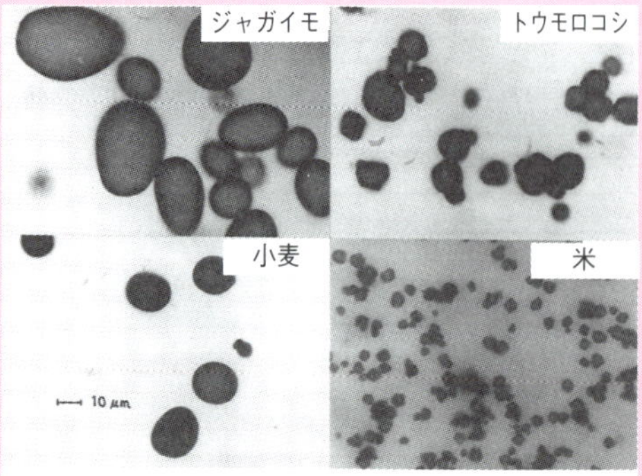

図4-1-11　各種デンプンの形状

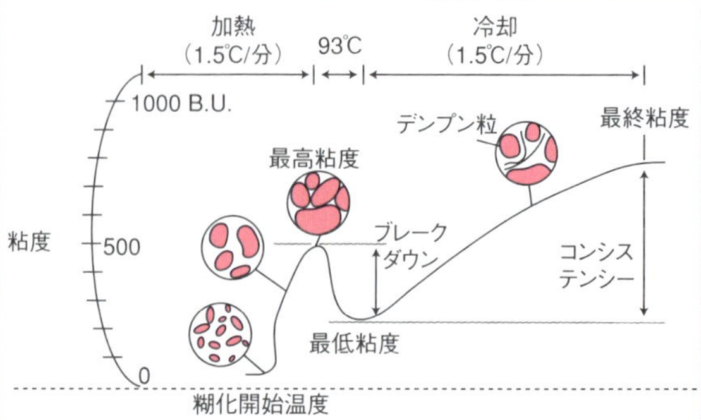

図4-1-12　デンプンの粘度変化の概要

4・1・4　デンプン（澱粉，starch）

デンプン原料にはトウモロコシ，小麦，米等の穀類の他，ジャガイモ，サツマイモ，キャッサバ等のいも類も用いられる．

1）デンプンの特性と利用

デンプンは結晶性の粒子で比重は1.62～1.65である．その粒子の形状を示す（図4-1-11）．水の存在下で加熱すると，吸水して膨潤して粒子が崩壊する．デンプン分子と水分子が結合し親水性が増加し，糊化する．この性質がゲル化剤，増粘剤，糊料として欠かすことのできない素材として活用される．デンプンの利用にとってその粘度特性が重要である．粘度特性の評価には，アミログラフが用いられ，粘度変化の概要（図4-1-12）と各種デンプンのアミログラム（図4-1-13）を示す．

デンプン粒の形状や性質は，原料植物によって異なる．表4-1-5（60頁）に各種デンプンの特性を，図4-1-14にデンプンの多様な用途を示す．

2）各種デンプンの特徴

サツマイモデンプン：糖化原料やはるさめ等の原料として利用される．

ジャガイモデンプン：他のデンプンに比べ粒径が大きく，糊化温度が低く，糊の粘度及び透明度が高い．かたくり粉，くずデンプンの代替え等の食品加工用の他，医療用，工業用にも用いられる．

トウモロコシデンプン：他のデンプンに比べ，大きな規模でデンプンの製造が行われる．外皮，胚芽，デンプン及びタンパク質等の分離工程が全て液中で行われ，トウモロコシ中の成分の

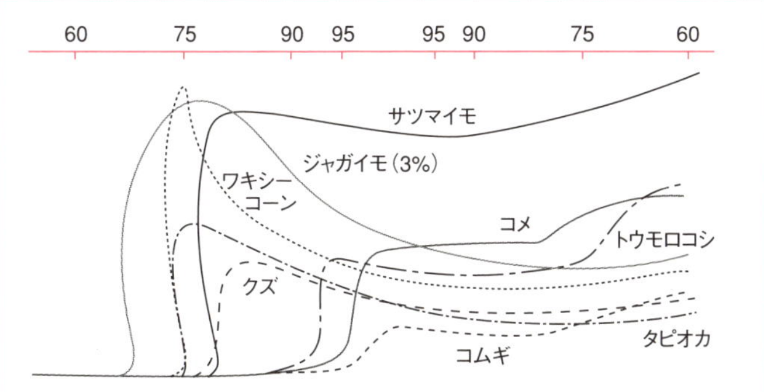

図4-1-13　各種デンプンのアミログラム（6%）

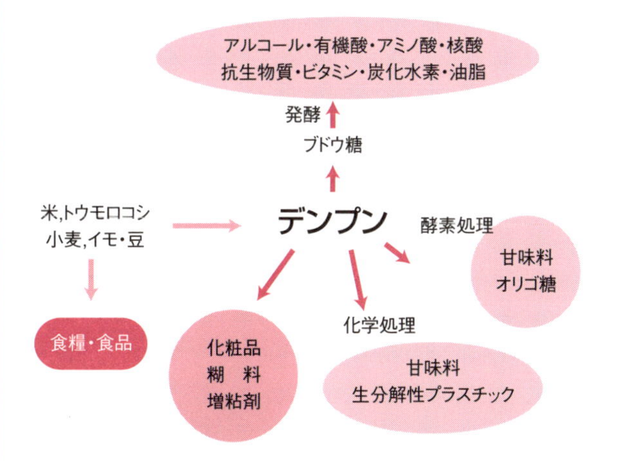

図4-1-14　デンプンの用途

99%が回収される．デンプンの白度が高く，糊の粘度変化が少なく，接着力が強い．液糖の原料，製紙工業，繊維工業等でも用いられる．

小麦デンプン：小麦タンパク質の性質を利用し，小麦粉に水を加え生地を作り，生地を水中でもみ洗いし，グルテンとデンプンを分離する．小粒径（2～10 μm）と大粒子（15～40 μm）があり，中間の粒子が少ないことが特徴である．糊の粘度が加熱や時間で変動し難い特徴がある．繊維・製紙工業や練り製品の製造で利用される．

米デンプン：米デンプンは，タンパク質と結合しているため，アルカリ（NaOH0.2～0.3%）処理して，細胞を破砕しデンプン抽出する．極めて粒子が小さく，角状で優れた結着力，浸透性をもつので，捺染糊，化粧品の原料，写真材料等特殊な用途がある．

加工デンプン：デンプンの高分子特性を利用し，様々な用途に用いられているが，冷水に不溶で，耐薬品性，耐水性等が低い．加工デンプンはこのようなデンプンの欠点を化学的，物理的，酵素的に改善したものである．加工デンプンの処理別分類を表4-1-6にまとめた．

又，デンプンにサイクロデキストリン合成酵素を作用させて製造されるサイクロデキストリンの性状を示す（表4-1-7）．環状構造のため包接性，乳化性があり，食品のほか消臭剤等にも利用されている．

表4-1-5　各種デンプンの主な特性

	米	小麦	トウモロコシ	ジャガイモ	サツマイモ
粒状	多面形	凸レンズ形	多面形	卵形	多面形
粒径（μm）	2～8	5～40	6～20	5～100	2～40
平均粒径（μm）	4	20	16	50	18
アミロース（%）	19	30	25	25	19

表4-1-6　加工デンプンの処理別分類

処理方法		加工デンプン	
化学的処理	分解	デキストリン	黄色デキストリン，白色デキストリン，ブリティッシュガム
		酸処理デンプン（可溶性デンプン），酸化デンプン	
	誘導体	架橋デンプン	
		エステル化デンプン	酢酸デンプン，燐酸デンプン
		エーテル化デンプン	カルボキシルメチルデンプン，ヒドロキシエチルデンプン
物理的処理		αデンプン，分別アミロース，湿熱処理デンプン	
酵素的処理		デキストリン	α-リミットデキストリン，β-リミットデキストリン，サイクロデキストリン

表4-1-7　サイクロデキストリンの性状

	α-サイクロデキストリン	β-サイクロデキストリン	γ-サイクロデキストリン
グルコース数	6	7	8
分子量	973	1135	1297
内径(Å)	5～6	7～8	9～10
溶解度	14.5	1.85	23.2

4・2　豆類とその加工品

植物性タンパク質の原料として，主に豆類と穀類の種子が用いられる．豆類（pulses）は，バラ目豆科の植物で果実が莢(さや)を作り，莢の胚珠が熟して種子となる．穀類の種子は胚乳に主としてデンプンを貯蔵するが，豆類には胚乳がなく代わって2枚の子葉をもち，ここにデンプン以外の成分も貯蔵する（図4-2-1，図4-2-2）．

豆類の中ではタンパク質と脂質の多い油糧種子（oil seeds）とタンパク質とデンプンの多い豆（pulses）に分かれる（表4-2-1）．

豆類はタンパク質と炭水化物（脂質）以外に食物繊維，無機質が野菜よりも多い（表4-2-2）．

4・2・1　豆類の外観的特性

大豆は品種により外観上，種皮の色，臍(へそ)の色，粒形，粒の大小等で著しく異なる（表4-2-3）．

国産大豆は一般的に白目で極小から極大粒と外観的にすぐれた品種が多く，さらに高タンパク質及び高糖質である．一方，輸入大豆（米国，ブラジル，中国産その他）は，白目又は黒目，中から小粒で，成分では米国とブラジル産大豆は高脂質で，中国産大豆はタンパク質，脂質ともに中程度で，糖質に高い傾向がある．

4・2・2　大豆の成分

大豆はタンパク質，脂質，灰分が多く，デンプンはほとんど含まれない．

1）タンパク質

大豆のタンパク質は大豆子葉細胞中に存在するプロテインボディーと呼ばれる2～10μmの大きさの顆粒中に貯蔵タンパク質として蓄えられている．

脱脂大豆から水又は塩化ナトリウム溶液で全タンパク質の約90%が抽出される．この抽出タンパク質液をpH4.5～4.8の酸性にすると，このタンパク質の約75%が等電点沈殿する．これを酸沈殿タンパク質あるいは大豆グロブリンと呼ぶ．大豆グロブリンの主成分はβ-コングリシニン（7S成分）とグリシニン（11S成分）で，両者で約75%に達する．

大豆タンパク質のアミノ酸組成ではグルタミン酸とアスパラギン酸が多く，これは味噌，醤油と

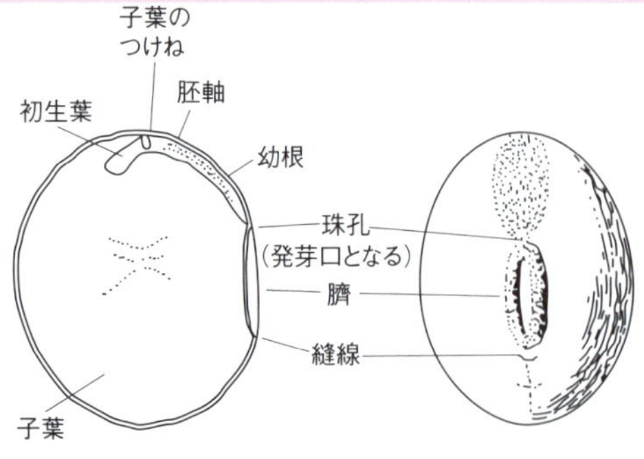

図4-2-1　大豆の種子（出典：建帛社，大豆とその加工）

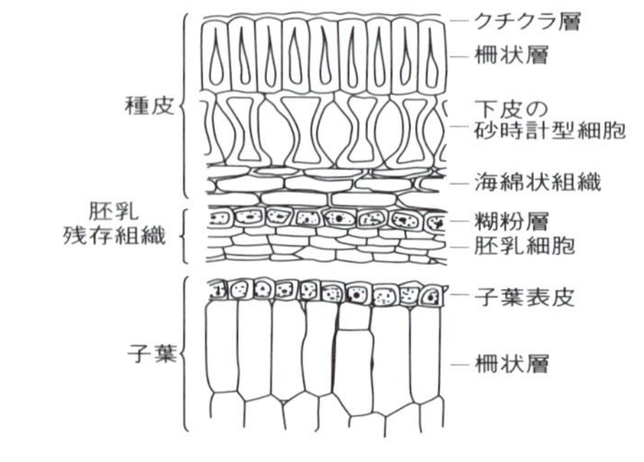

図4-2-2　大豆種子の内部構造（出典：建帛社，大豆とその加工）

表4-2-1　油糧種子と豆類

	種子と豆	特徴
油糧種子 (oil seeds)	大豆，ナタネ，アマニ，ひまわり，綿実， ゴマ，サフラワー，落花生，四角豆等	タンパク質（20～35%） 脂肪（18～48%）が多い
豆類 (pulses)	アズキ，インゲン豆，エンドウ，ソラ豆等	タンパク質（18～22%） 炭水化物（56～61%）が多い

出典：建帛社，大豆とその加工

した場合の旨み成分となる．しかし，含硫アミノ酸のメチオニンとシスチン，必須アミノ酸のトリプトファンが少ない．

2）脂質

大豆の脂質含量は品種によってかなり異なり，国産大豆は脂質を約19%（アメリカ産は約22%）含み，食料油脂の原料にもなる．大豆の脂肪酸組成は，不飽和脂肪酸としてリノール酸が55～57%，オレイン酸32～36%，リノレン酸2～10%で，飽和脂肪酸としてパルミチン酸，ステアリン酸が4～7%ずつ含まれる．不飽和脂肪酸の割合が高く，酸化を受けやすい．

3）炭水化物

大豆の炭水化物は約28%であるが，デンプンをほとんど含まない．これは完熟中にデンプンが他の成分に転化されるためである．食物繊維は約17%であり，食物繊維のよい供給源である．オリゴ糖としてショ糖約5%，スタキオース約4%，ラフィノース約1%を含み，豆乳の甘味と関連し，豆腐の食味をよくする．ショ糖以外は消化吸収されないが，ビフィズス菌によく利用されるため腸内細菌叢が改善される．又難消化性多糖類は，食物繊維として有用である．

4）微量成分

配糖体：大豆は約2.0%の配糖体を含み，イソフラボン（ゲニスチン，ダイジン）が約0.15%，サポニンが約0.5%である．これらは製品に不快味（収斂味（しゅうれんみ），のどごしの悪さ）を与える．イソフラボンは女性ホルモンのエストロゲンと構造が類似し，骨そしょう症や乳がん等の予防効果，

表4-2-2　豆類の成分（可食部100g当たり）

成分	大豆（国産）	落花生	小豆	エンドウ	インゲン豆
水分（g）	12.5	6	15.5	13.4	16.5
タンパク質（g）	35.3	25.4	20.3	21.7	19.9
脂質（g）	19.0	47.5	2.2	2.3	2.2
炭水化物（g）	28.2	18.8	58.7	60.4	57.8
灰分（g）	5.0	2.3	3.3	2.2	3.6
カリウム（mg）	1900	740	1500	870	1500
カルシウム（mg）	240	50	75	65	130
リン（mg）	580	380	350	360	400
マグネシウム（mg）	220	170	120	120	150
鉄（mg）	9.4	1.6	5.4	5.0	6.0
亜鉛（mg）	3.2	2.3	2.3	4.1	2.5
ビタミンB_1（mg）	0.83	0.85	0.45	0.75	0.50
ビタミンB_2（mg）	0.30	0.1	0.16	0.15	0.20
ナイアシン（mg）	2.2	17.0	2.2	2.5	2.0
飽和脂肪酸（g）	2.57	8.41	0.27	0.27	0.25
一価不飽和脂肪酸（g）	3.61	20.84	0.07	0.44	0.18
多価不飽和脂肪酸（g）	10.49	15.56	0.55	0.68	0.79
食物繊維（水溶性）（g）	1.8	0.4	1.2	1.2	3.3
食物繊維（不溶性）（g）	15.3	7.0	16.6	16.2	16.0

表4-2-3　大豆の外観的特性

種皮の色	黄（黄大豆），緑（ひたし豆），黒（黒大豆），褐（くらかけ大豆）
臍の色	白，褐，黒（米国では淡色，鈍色，黒）
粒形	球，楕円，長楕円，扁球
粒の大きさ（重量／粒，品種名）	極小粒（0.15g以下／粒） 小粒（0.15～0.35g／粒，スズヒメ，納豆小粒） 中粒（0.25～0.35g／粒，キタムスメ，ハヤヒカリ） 大粒（0.35～0.45g／粒，トヨムスメ，鶴の子，エンレイ） 極大粒（0.45g／粒以上）

サポニンは溶血作用や抗甲状腺作用が知られている．

無機成分：各種元素を多く含み，特にカリウムが多く，鉄も多いことから無機成分のよい給源となる．リンの大部分はフィチン態リン（イノシトールにリン酸が6分子結合したものがフィチン酸で，この金属塩がフィチン）として存在している．

フィチンは腸からの吸収が悪く，無機質の吸収を妨げる面をもっている．しかし，細胞情報系路においてフィチンが注目されており健康面，特に肥満解消に役立つ効果が期待されている．

ビタミン：大豆は穀物よりも優れたビタミンB_1とB_2の供給源であるが，ビタミンB_{12}，C，Dが少ない．脂溶性ビタミンとして少量含まれるトコフェロール（ビタミンE）は抗酸化剤として用いられている．

4・2・3　大豆の用途

大豆に多量に含まれる脂質を分離・精製し大豆油とする以外に，タンパク質の特性を利用した多様な大豆加工食品がある．大豆の用途全体を示す（図4-2-3）．

4・2・4　大豆の加工

大豆食品の大部分は完熟種子を素材にしたものである．完熟種子は堅く，そのままでは食べにくいことから，古くからいろいろな加工法が考えられている．

1）豆腐

大豆の主要タンパク質であるグリシニンは，水に不溶であるが，塩類の溶液によって抽出される．浸漬膨潤させた丸大豆を磨砕，加熱，ろ過して「おから」を分離し，「豆乳」を得る．豆乳に凝固剤を添加するとタンパク質が凝固して豆腐となる．

豆腐の各種凝固剤とでき上がった豆腐の特徴を

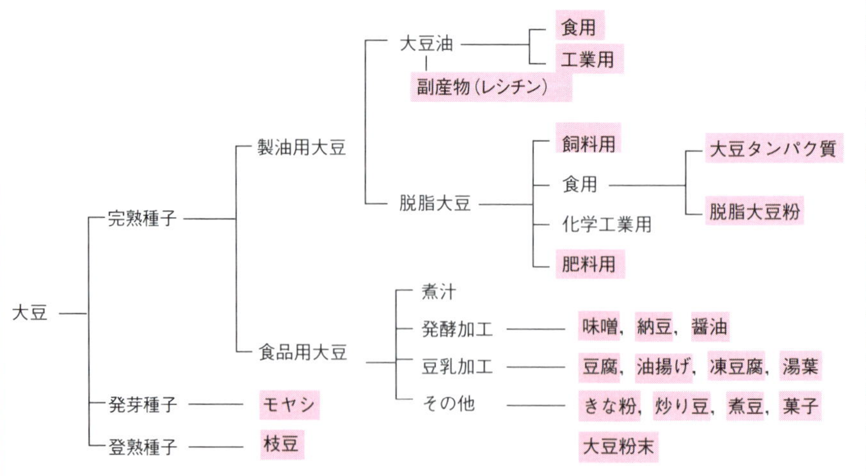

図4-2-3　大豆の用途

表4-2-4　豆腐と凝固剤

凝固剤	凝固の特徴	豆腐の特徴
塩化マグネシウム　$MgCl_2$；にがり	凝固が速い	堅めで大豆の風味が残る
硫酸カルシウム $CaSO_4$；すまし粉	凝固が遅い	保水性や弾力性がよい
グルコノデルタラクトン (glucono-δ-lactone)	加熱により加水分解され生じたグルコン酸によりpHが低下しタンパク質が酸変性して凝固	

示す（表4-2-4）．

豆乳濃度や製法によってもめん豆腐，きぬごし豆腐，充填豆腐等がある（表4-2-5）．大豆タンパク質製品の製造工程を示す（図4-2-4）．

2）豆乳と豆腐加工品

豆乳：大豆を水に漬けた後，摩砕，加熱，ろ過しおからを分離して得られたろ液が豆乳である．製造時にリポキシゲナーゼによって脂質が酸化され，大豆臭（ヘキサナール，ヘキサノール等）を生じるため，脱皮した大豆を熱処理し酵素を失活させ，高温磨砕，真空脱臭，均質化処理を行う．日本農林規格（JAS）では豆乳（大豆固形分8％以上），調製豆乳（大豆固形分6％以上8％未満），豆乳飲料（大豆固形分4％以上6％未満）に分類されている．

湯葉：高濃度の豆乳（固形分10％以上）を加熱（80℃以上）した際，表面にタンパク質の皮膜ができる．これを細い棒ですくい上げたものを生湯葉，これを乾燥したものを干し湯葉という．

油揚げ：水分の少ない堅い豆腐を薄く切り，脱水後，約120℃で揚げ（低温揚げ“伸ばし”）て，膨化させ，さらに約200℃で揚げ（高温揚げ“からし”）ることによって，着色，硬化し張りのある製品となる．

がんもどき：豆腐を布袋に入れて圧搾脱水し，ナガイモ等を加えこねた後，ニンジン，コンブ，海草類等を加えて，混合，成型する．これを油揚げ同様に二度揚げする．関西では“飛竜頭”と呼ばれている．

凍り豆腐（高野豆腐，しみ豆腐）：堅めの豆腐を凍結，約－1～－3℃で熟成させて，解凍，脱水，乾燥後，調理時の戻りをよくするために，アンモニアガスやかん水で，膨軟加工し製品とする．

きな粉：大豆を約220℃で数十秒炒った後，細かく粉砕し，篩別けしたもので，黄色大豆や緑

表4-2-5　各種豆腐の製法と特徴

豆腐	製　法
木綿豆腐	豆乳に凝固剤を添加し凝固させた後，凝固物を木綿布を敷いた穴のあいた型箱に入れ，重石をのせて，湯を押し出し成型する．最も一般的な豆腐．
絹ごし豆腐	木綿豆腐と同様に製造するが，高濃度に調整した豆乳を凝固剤とともに，型箱に入れ，豆乳全体を凝固する．木綿豆腐より歯触りがよい．
充填豆腐（袋入豆腐）	絹ごし豆腐同様に豆乳を調製し，凝固剤（グルコノデルタラクトン）とともにプラスチック容器等に充填，密封して凝固させる．密封後に殺菌するため，保存性がよく大量生産に向く．

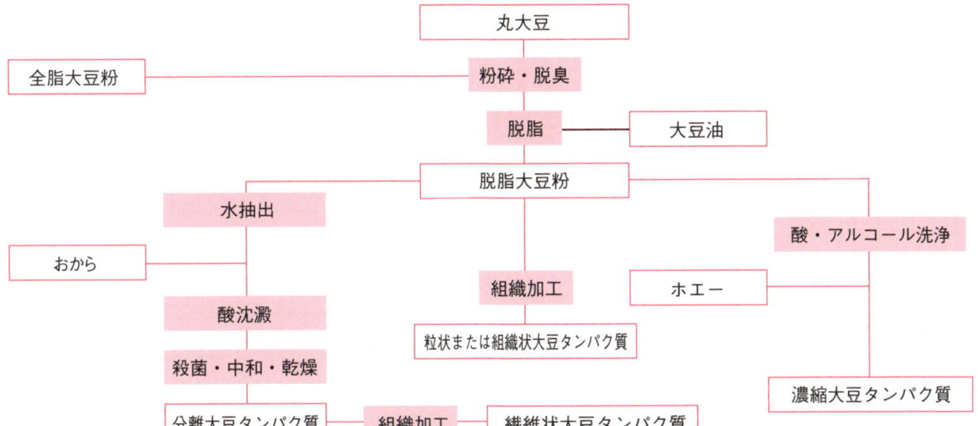

図4-2-4　大豆タンパク質製品の製造工程

色大豆が用いられる．

4・2・5　大豆タンパク質製品

大豆タンパク質製品は大きく，全脂大豆粉，脱脂大豆粉，濃縮タンパク質と分離タンパク質に大別される．これら大豆タンパク質製品は乳化性，気泡性，保水性，保油性，ゲル形成能等の機能特性をもつことから，製菓，製パン及び肉製品，乳製品等に幅広く利用されている．これらの大豆タンパク質製品の性状を（表4-2-6），又大豆タンパク質製品の製造工程を示す（図4-2-4，65頁）．

全脂大豆粉：粒状の大豆を短時間の過熱蒸気処理（120～150℃，1分程度）し，大豆の不快臭を除いた後，粉砕したもの．

脱脂大豆粉：原料大豆を溶剤（ヘキサン）抽出法によって脱脂大豆と大豆油に分けた後，脱脂大豆から加熱して溶剤を除去し，これを粉にしたもの．

濃縮大豆タンパク質：脱脂大豆粉から可溶性の炭水化物や有臭成分を除いたもので，保水性はよいが機能特性は低い．

分離大豆タンパク質：脱脂大豆粉からタンパク質を抽出後，酸を加えてpHを約4.5に調整し，タンパク質を沈殿させ，これを集め中和し噴霧乾燥したもの．

粒状又は組織状大豆タンパク質：脱脂大豆粉や濃縮大豆タンパク質を，押し出し成型法（エクストルージョン処理）等によって粒状にしたもので，ひき肉のような外観と食感をもつ．製造コストが低いため，ソーセージ，ハンバーグ等の多くの加工食品に用いられる．

繊維状大豆タンパク質：分離大豆タンパク質をアルカリで可溶化し，細いノズルから酸性溶液に押し出し，繊維をつくり，これを束ねると，食感的には肉様の食品となる．しかし，製造コストが高くなる．

表4-2-6　大豆タンパク質製品の組成と用途

組成	全脂大豆粉	脱脂大豆粉	濃縮大豆タンパク質	分離大豆タンパク質
タンパク質（%）	40.8	56.0	72.0	96.0
脂肪（%）	22.1	1.0	1.0	0.1
繊維（%）	2.9	3.5	4.5	0.1
灰分（%）	4.4	6.0	5.0	3.5
炭水化物（%）	29.8	33.5	17.5	0.3
用途（%）	パン 麺 ソーセージ	パン，菓子 ドーナッツ，	製菓，製パン 畜肉，魚肉加工品	コーヒーホワイト，プレスハム， ハンバーグ，焼麩，竹輪， 魚肉ソーセージ，冷凍すり身
特徴（%）	丸大豆の成分 と同じ	タンパク質の変 性程度が異なる	溶解性が低い 不快な大豆臭改善	溶解性が高い 幅広い機能特性をもつ

4・3　食用油脂

食用油脂は，牛や豚等動物の脂肪組織，脂質含有量の高い大豆，菜種，ゴマ等の種子や落花生，クルミ等の種実，米糠(こめぬか)等から採油され，リン脂質，脂肪酸，色素等を除き，精製して製造される．又，食用油脂は分別や水素添加等処理を行い，マーガリン，ショートニング，カカオ代替脂等として利用される．

4・3・1　油脂の性状と利用

1）性状

食用油脂の理化学的性質をまとめた(表4-3-1)．油脂は原料及びその融点の違いにより，植物油，植物脂，動物油（魚油）及び動物脂に大別される（表4-3-2)．融点の違い，すなわち常温で液状のものを油，固体のものを脂と区別するが，いずれもグリセロール1分子に3分子の脂肪酸が結合した各種トリアシルグリセロール（トリグリセリド）の混合物である．油脂の融点は，脂肪酸の融点に大きく左右され，飽和脂肪酸が多いものは脂に，不飽和脂肪酸が多いものは油の性状を示す．この両者の存在比によってトリグリセリドを大きく4つに大別できる（表4-3-3)．

ケン化価とヨウ素価：油脂の性状を表す化学的数値としてケン化価とヨウ素価がある．ケン化価は，脂肪酸の分子量や炭素数に関係する値で，ヨウ素価は二重結合の存在に関わる値で，

表4-3-1　油脂の理化学的性質

性質	概　　要
色・味・香り	精製度の高いものは色や香がはなく，含まれる微量成分により特有の着色，風味を呈する．
比重	一般に0.90～0.98で，脂肪酸の炭素数が小さく，不飽和脂肪酸が多いほど比重は高くなり，酸化した油脂では高くなる．
融点	油脂の融点は，酸の炭素数が大きくなると上昇し，不飽和脂肪酸が増加すると低下する．
粘度	油脂の粘度は，脂肪酸の炭素数が大きくなると増大し，不飽和脂肪酸が多くなると低下する．
発煙点・引火点	通常，発煙点は200℃で，引火点は300℃以上である．低級脂肪酸が多くなると低下する．
溶解性	油脂は，有機溶媒に溶け，水にほとんど溶けない．

表4-3-2　主要な食用油脂とその性状

分類		食用油脂	原料	（含油%）	ヨウ素価（IV）	ケン化価（SV）
植物油	乾性油	サフラワー油	種子	30～40	122～150	186～194
		ひまわり油	種子	20～40	120～135	183～194
	半乾性油	大豆油	種子	15～22	114～138	188～196
		とうもろこし油	胚芽	40～50	115～124	191～196
		綿実油	種子	15～25	105～115	191～196
		ごま油	種子	45～55	103～112	188～193
		なたね油	種子	35～45	94～107	170～179
		米油	ぬか	15～21	91～107	180～196
	不性乾油	落花生油	種子	40～50	85～100	186～194
		オリーブ油	果実	40～60	79～90	185～196
植物脂		パーム油	果実	45～50	43～60	196～210
		カカオ脂	種子	35～55	29～38	189～202
		パーム核油	種子	45～55	12～20	240～257
		やし脂	コプラ	50～75	7～16	245～271
動物脂		豚脂	脂肪組織	50～80	50～65	195～200
		牛脂	脂肪組織	50～80	35～45	193～198
魚油		いわし油	魚体	5～15	163～195	188～205

表4-3-3　各種トリアシルグリセロールの融点

種類	融点（℃）
トリ飽和型	45～60
ジ飽和型	30～40
モノ飽和型	0～10
トリ不飽和型	0以下

主要な油脂のケン価，ヨウ素価及び脂肪酸組成を示す（表4-3-2）．魚油やパーム油，パーム核油を除き，主要な油脂は飽和脂肪酸のパルミチン酸，ステアリン酸，不飽和脂肪酸のオレイン酸，リノール酸及びリノレン酸である．

酸価と過酸化物価：油脂の品質を示す指標として酸価と過酸化物価がある．酸価は，油脂1gに含まれる遊離脂肪酸量を中和するのに要する水酸化カリウム（KOH）のmg数で表され，油脂の精製が進むと小さくなる．過酸化物価は，油脂1kgに含まれる過酸化物のmg等量で表示され，油脂の酸化状態を把握するために重要な数値であり，新鮮な精製油脂ではゼロに近い．

4・3・2　採油と精製

1）採油

油脂は原料の細胞中に存在するので，採油の際に原料の加熱，破砕圧扁によって組織や細胞を破壊する等の前処理が行われる．植物原料からの採油は，原料の含有量等による圧搾法，抽出法及び両者の併用法（圧抽法）が用いられる（図4-3-1）．動物原料では加熱して油分を溶かし出す熔出法が用いられる．

圧搾法：原料にエキスペラー等を使って，高い圧力をかけて，油脂を絞り出す方法で，採油粗中の残油量が3～5%である．ごま，カカオ，パーム等の油脂含量の高い原料からの採油に用

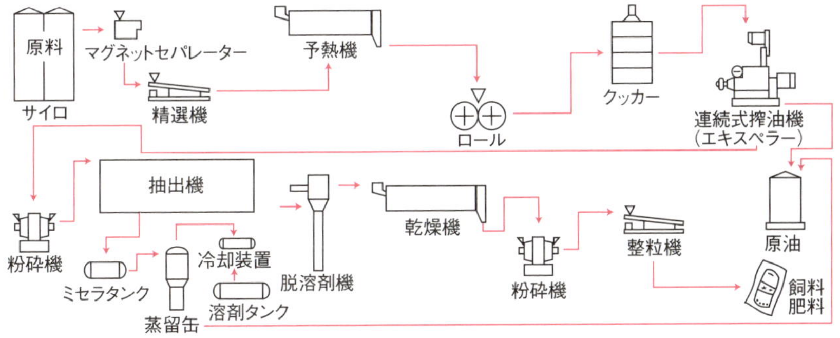

図4-3-1　植物油の圧抽法

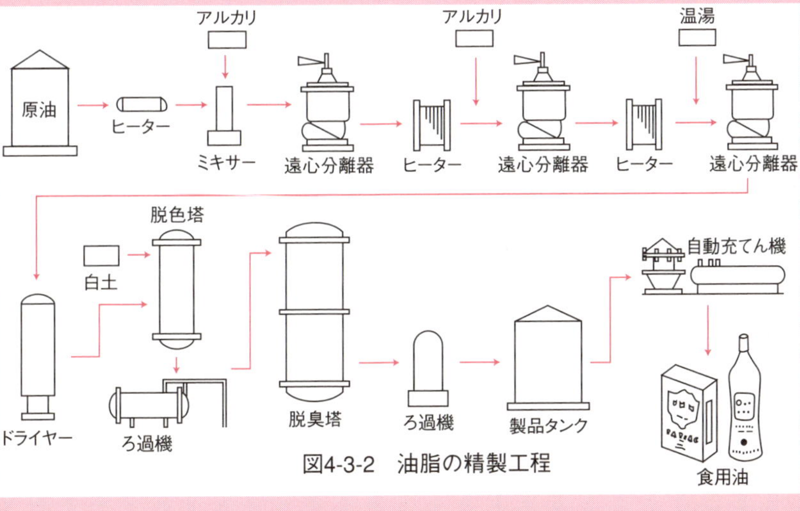

図4-3-2　油脂の精製工程

いられる．

抽出法：有機溶剤で油脂を溶かし抽出する方法で，有機溶剤にはヘキサンが用いられる．大豆，米糠等比較的油脂含量の低い原料から採油に適し，抽出液からヘキサンを完全に除去して油脂の原油が得られる．圧搾法に比べ油粗中に残油量が1%程度と少ない．

融出法：動物の脂肪組織を加熱して油脂を溶かし出すため，直接加熱する乾式法（dry rendering），水煮法（wet rendering）がある．

2）精製（refining）

採油された油脂は原油と呼ばれ，トリグリセリド以外に不純物としてタンパク質，リン脂質，脂肪酸，色素及び有臭物資等を含んでいる．油脂の精製工程の概要示す（図4-3-2，69頁）．

脱ガム（deguming）：原油中のタンパク質，リン脂質等のガム質は，次の工程（脱酸，脱臭）での油脂の損失の原因となる．原油中のこれらの物質は，水と結合するとガム状になり，油脂と分離することができる．70～85℃に加温した原油に1～3%の水を加え攪拌して，ガム質を水和・凝集させた後に，遠心分離によってガム質を分離し，脱ガム油が得られる．

脱酸（deacidfication）：脱ガム油中に存在する脂肪酸を除去する工程で，油脂に水酸化ナトリウム溶液を加え，脂肪酸を中和して石鹸として除去する．

脱色：脱酸した油脂中に含有されるカロテノイド系，クロロフィル系，その他の脂溶性色素を除去する工程．脱色には活性白土が用いられ，油脂に0.1～2%程度の活性白土を加え，減圧下，90～120℃で10～15分間，攪拌混合した後ろ過にて脱色された油脂を回収する．

脱臭：脱色油中にはアルデヒド，ケトン，炭化水素等揮発性の有臭物質が微量ながら含まれている．脱臭は油脂を減圧下にて加熱し，それに水蒸気を吹き込み，これらの揮発性有臭物質を除去する工程である．通常，250～260℃，2～4mmHgの減圧下で油脂量の3～6%の水蒸気を吹き込んで行う．

ウィンタリング（winterization）：脱ろうとも呼ばれ，油脂中の融点の高いトリグリセリドを除去する工程．融点の高いトリグリセリドは低温で析出するので，低温で使用されるサラダ油の製造で行われる．

4・3・3　油脂の改質

精製された食用油脂は，その用途によって水素添加（hydrogenation），分別（fractionation）やエステル交換（esterification）よる融点の調整，酸化安定性の付与，物性の改良等が行われる．これらは，油脂の有効利用，マーガリン，

表4-3-4　各種油脂の固体脂指数（SFI）

油脂	10℃	20℃	27℃	33℃	37℃
ヤシ油	55	27	0	0	0
カカオ脂	62	48	8	0	0
バター	22	12	9	3	0
ラード	25	20	12	4	2
パーム油	24	12	9	6	4
牛脂	39	30	28	23	18

固体脂指数（Solid Fat Index）
＝固体脂／油脂全体×100

＜コラム＞新しい油脂

ジアシルグリセロールや中鎖脂肪酸を含む油脂が，食用に利用されるようになった．これら新しい油脂の製造には，エステル交換反応が用いられている．

摂取された一般油脂（トリグリセリド）は，小腸でリパーゼによって分解され，吸収された後リンパ管を通り再びトリグリセリドに合成されて，脂肪細胞に蓄積される．一方，ジアシルグリセロールや中鎖脂肪酸を含む油脂は，門脈から吸収され，肝臓にてエネルギーへ変化されるので，体脂肪として蓄積しにくいことが知られている．

ショートニングやカカオ代替脂の原料の製造をするうえで重要である．

1）水素添加

油脂中の不飽和脂肪酸の二重結合に水素を付加して飽和脂肪酸に変換し，油脂の融点を高くする操作．この操作によって魚油や大豆等の酸化安定性の劣る液状油を固体脂に変えるとともに酸化安定性を向上させることができる．この処理を行った油脂を水素添加油（hydrogenated oil），又は硬化油（hardened oil）と呼ぶ．

2）分別

油脂は表4-3-3（68頁）に示すように融点の異なるトリグリセリドの集合体である．この融点の違いを利用し，油脂を融点の異なる成分に分けることができる．この操作を分別という．

分別方法には自然分別と油脂を溶剤に溶かし粘調性を低下させ分別効率を高めた溶剤分別がある．溶剤分別が一般的であり，パーム油，シア脂（shea butter），ヤシ油（coconut oil），牛脂（beef tallow），硬化油等が原料として用いられる．サラダ油の製造時に行われるウィンタリングは，自然分別の一種である（表4-3-4）．

3）エステル交換反応

トリグリセリドの分子内及び分子間で脂肪酸を交換して，油脂の融点や固体脂指数を調整することができる．ラードの改質ならびに高リノール酸及びゼロトランス酸マーガリンの原料製造等に用いられる．一般に，触媒としてリパーゼ，ナトリウムメチラート（CH_3ONa）が使われる．

<コラム>トランス酸

天然の油脂を構成する不飽和脂肪酸の二重結合では，その水素の結合配置はシス型であるが，水素添加を行うと水素の結合配置がトランス型の不飽和脂肪酸が生成する．トランス型の脂肪酸はシス型に比べ融点が高く，油脂のSIFを改善することができ，製菓製パン用の油脂として有用である．しかし，トランス脂肪酸を多量に摂取するとLDLコレステロール（悪玉コレステロール）を増加させ心臓疾患のリスクを高めるといわれている．摂取量が多い欧米において，大きな問題となっている

日本人が1日に摂取するトランス脂肪酸は全カロリー中0.3%で，WHO勧告の1%未満であることから，健康への影響は少ないといわれている．

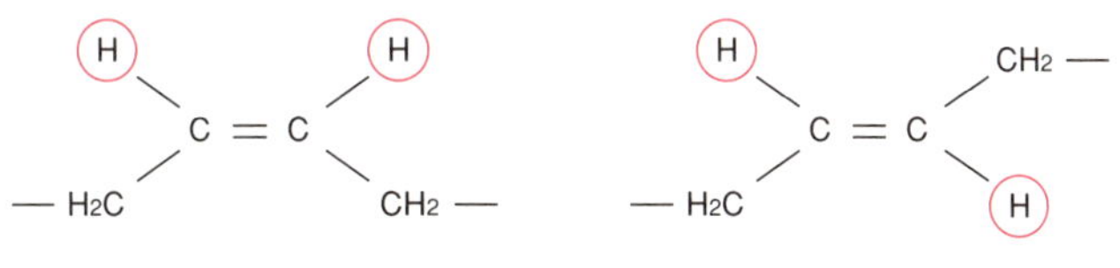

シス型（Z型）　　トランス型（E型）

二重結合の異性体

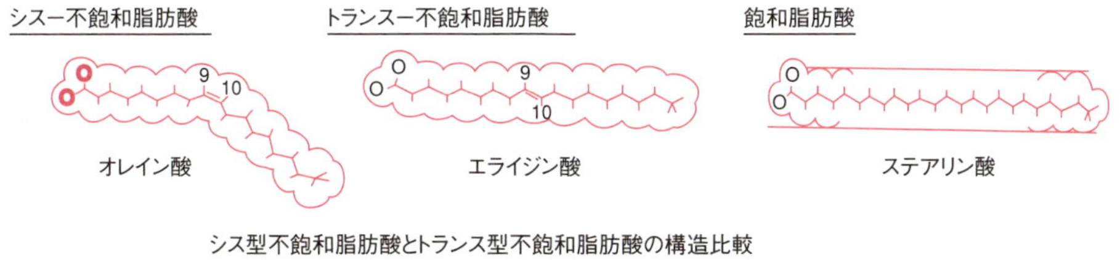

シス型不飽和脂肪酸とトランス型不飽和脂肪酸の構造比較

4・3・4　食用油脂の加工

食用油脂の加工品には，マーガリン，ショートニング，粉末油脂，乳化状油脂，ホイップ型マーガリン，低カロリースプレッド等がある．

1）マーガリン

マーガリンは，バターの代用品として1869年にフランスで開発された．食用油脂に水，乳成分，食塩，乳化剤等を加え乳化し油中水型（W/O）の乳化液を調整した後，急冷して油脂を結晶化させ，組織が均一になるよう練り合わせ，バター状の組織となる．JAS規格では油脂75～80%以上を含有し融点は35℃以下とされ，用途によって家庭用と業務用がある．家庭用マーガリンはスプレッド性，風味が重要であり，冷蔵庫から出してもすぐパンに塗れるようにソフトでSFI（solid fat index，固体脂指数）の範囲が広い．業務用は製菓・製パンに使用され，ショートニング性やクリミーング性が求められる．

2）ショートニング

ラードの代替脂として19世紀アメリカで開発され，製菓・製パン用の油脂やフライ油等として用いられる．ビスケット，クッキーやパイ等のサクサクした食感をショートネス（shortness）といい，このような性質を与える油脂としてショートニングと呼ばれるようになった．

製造方法は，マーガリンとほぼ同様で，水分はほとんど無く（0.5%以下），練り合わせ時に窒素ガスを10～20%v/w混合させる．原料には魚油や植物油の硬化油，牛脂，豚脂が用いられる．

3）粉末油脂（powdered oil and fat）

融点が30～35℃の油脂にカゼイン，糖類，乳化剤，酸化防止剤等を加え乳化し，その乳化液を噴霧乾燥して粉末化したもの．油脂粒の表面がカゼインや糖類等で被われることで，粒子が凝集しない．又，この皮膜が空気との接触を防ぐので酸化もされにくい．粉末油脂はケーキミックス，粉末スープの他コーヒー，紅茶等のクリーミングパウダーとしても利用されている．

4）ドレッシング類

ドレッシング類は水中油型（O/W）の乳化物で，製品の状態で分類される（表4-3-5）．マヨネーズの油分は65%以上，サラダドレッシング及び半固形状ドレッシングでは30%以上，その他は35%である（表4-3-6）．

マヨネーズの代表的な原料配合を表4-3-6 に示す．卵黄中のリポタンパク質やリン脂質の乳化力を利用した乳化物（O/W）で，卵黄あるいは全卵にサラダ油，食酢，香辛料等を加えて，乳化機（コロイドミル，colloid mill）にて油脂を1～10 μmの微粒子とする．

表4-3-5　JAS におけるドレッシングの分類

区分	品名
半固体状ドレッシング	マヨネーズ
	サラダドレッシング
	半固体状ドレッシング（サンドイッチブレッド等）
乳化液状ドレッシング	フレンチドレッシング（乳化），その他の乳化液状ドレッシング
分離液状ドレッシング	フレンチドレッシング（分離），その他の分離液状ドレッシング

表4-3-6　代表的なマヨネーズの配合比

油	75.0%
酢*	10.8
卵黄	9.0
砂糖	2.5
食塩	1.5
マスタード	1.0
ホワイトペッパー	0.2

*（酢酸として4.5%のもの）

4・3・5　主要な油脂の性状

1）カカオ脂（cacao butter）

カカオ豆を焙煎後，粉砕してカカオマスとし，これを圧搾し採油される油脂で，チョコレート原料等として用いられる．搾油残渣はココアパウダーと呼ばれ，ココア，菓子原料に用いられる．カカオ脂は融点が30～35℃で体温付近の温度でシャープに溶ける特性があり，これはそのトリグリセリド組成が単純で，オレオパルミトステアリン，オレオジステアリンの2種のトリグリセリドが70%以上を占めるためである．

2）ラード（lard）

豚の脂肪組織から融出法によって採油され，マーガリン，ショートニング，フライ油等の他，石けん原料として用いられる．

3）パーム油（palm oil）

油ヤシの果肉部分から圧搾法で採油され，融点が30～45℃の植物油脂，β-カロテンを多く含み，マーガリン，ショートニング，フライ油等の他，石けん原料として用いられる．

4）オリーブ油（olive oil）

オリーブ果実から圧搾法にて採油される不乾性油で，地中海地域が主要な生産地で，オレイン酸含量が高く酸化安定性がよく，食用の他，薬用，化粧用に用いられる．

5）ごま油（sesame oil）

一般にごま種子を炒ってから圧搾法にて採油するため独特の香味があり，天ぷら油として好まれる．ごま油中には抗酸化性物質のセザモナールが含有されるため，酸化安定性が大きい．

6）米油（rice oil）

米糠から抽出法にて採油される．米糠はわが国で唯一の国産の植物油脂原料である．大豆油に比べリノレン酸含量が少なく，オリザノール等の抗酸化性物質が含有され，酸化安定性がよい．

7）なたね油（rapeseed oil）

わが国で最も生産量の多い植物油で，以前はエルシン酸（$C_{22:1}$）が多く，心疾患との関連が指摘されたが，現在はカナダ産の低エルシン酸のキャノーラ種が用いられ，天ぷら油，サラダ油として広く用いられている．

8）大豆油（soybean oil）

大豆油は，わが国ではなたね油についで生産量が多く，天ぷら油，サラダ油として広く用いられるほか，水素添加されマーガリン，ショートニングに加工される．又，工業用としてペイント，印刷用インク原料としても利用されている．リノール酸，リノレン酸の含量が大きく，このため酸化安定性がやや劣る．

9）サフラワー油（safflower oil）

ベニバナの種子から採油され，リノール酸含量が70～80%と高く，食用の他，乾燥性が高いためペイント，印刷用インク原料にも用いられる．

10）魚油（fish oil）

一般にイワシ，サバ，ニシン等の油で，高度不飽和脂肪酸含量が多く，酸化安定性が低いのでほとんどが硬化油として食用加工油脂や石けん原料として使われる．

4・4　野菜・果実

野菜や果実はビタミンやミネラル，食物繊維に富み，食生活に欠くことのできない作物であるが，多くは水分含量が多く，比較的短期間で腐敗や変質等の品質劣化をするものが多く貯蔵性に乏しい．又，生産地や収穫期が限定するものも多い．そのため，様々な加工・保存法が開発され利用されている．保存性を高めるためには，水分含量の減少や可溶性成分の濃度の増加により水分活性を低く保ったり，殺菌，静菌等微生物の生命活動を抑制する．又，栄養価の低下を防ぐため，様々な工夫がされている．

4・4・1　トマト加工品

1）トマト加工品

日本農林規格（JAS）で定められているトマト加工品の中で代表的なものを以下に示す．

トマトジュース：完熟した新鮮トマトを破砕して搾汁したもの，又は濃縮トマトを希釈して搾汁の状態に戻したもの．

トマトミックスジュース：トマトジュースを主原料とし，これに10%以上の野菜類の搾汁を加えたもの．野菜ジュースともいう．

トマトピューレー：完熟トマトを破砕後，85℃で加熱してから裏ごし，皮や種子を除去して濃縮したもの．無塩可溶性固形分が8%以上24%未満であり，調味したものを含む．ケチャップ，ウスターソース，スープの材料に用いられる．

トマトペースト：トマトピューレーを濃縮したもので，無塩可溶性固形分が24%以上のもので調味したものを含む．搾汁の1/6以上に濃縮される．

トマトケチャップ：濃縮トマトに食塩，香辛料，醸造酢，砂糖類，タマネギ，にんにくを加えたもので可溶性固形分が25%以上のもの．

トマトソース：濃縮トマトに食塩，香辛料を加えたものを調味したもので可溶性固形分が8%以上25%未満のもの．

チリソース：種子の大部分を残したまま皮を除いて濃縮したものを調味したもので，可溶性固形分が30%以上のもの．ケチャップよりも香辛料が多い．

固形トマト：トマトを剥皮，へたを除去後，全形又は2分割し，加熱殺菌したもの．

2）製造工程

トマト加工品の製造工程を示す（図4-4-1）．

4・4・2　漬物

1）漬物原理

漬物は，薄塩で短期間漬け込む一夜漬けから，高塩濃度で副原料を用いて漬けるもの（糠漬，酒粕漬，味噌漬け等）等がある．漬物は漬け床や調味液として使用される副材料によって大別され，さらに野菜の種類や形状，発酵の有無等により分けられる．多くの漬物には塩が使われるが，これは材料である野菜の細胞が塩により脱水され，さらに原形質分離を起こして細胞は死に組織は軟化，外部から塩や調味液が入りやすくなるという効果がある．又，高塩濃度では微生物の成育が制限される．そのため，塩濃度の調整で発酵の促進や腐敗の抑制等が可能である．微生物による発酵はアルコールやエステル等による風味の向上や有機酸による腐敗菌の増殖抑制等の効果も期待できる．又，塩漬けによる脱水効果で細胞が死滅する

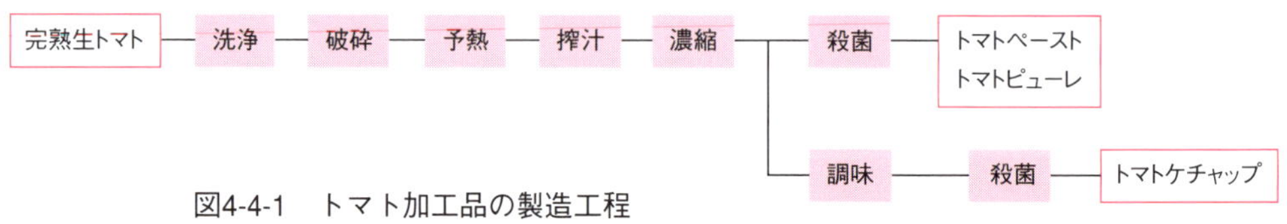

図4-4-1　トマト加工品の製造工程

と，細胞内に含まれる酵素が活発化し，青臭みや辛み成分等の分解が起こり，同時にデンプンやタンパク質が分解され，低分子糖やアミノ酸が生成する．

2）漬物の種類

製造工程は1次加工の塩漬けと2次加工した酒粕漬けや味噌漬けに分けられる．漬物の種類を示す（表4-4-1）．

4・4・3　果実飲料

1）果実飲料の種類

JAS法では果実飲料とは，濃縮果汁，果実ジュース，果実ミックスジュース，果粒入り果実ジュース，果実・野菜ミックスジュース及び果汁入り飲料のことである．濃縮果汁は果汁を濃縮したものをいい，外国産の果実を原料として飲料を生産するメーカーは輸送コストの低減等を目的とし，濃縮した状態で輸入を行い，水等により濃度を調整，調味後，充填している．果実ジュースは主にストレートとそれ以外に分けられ，ストレートは基本的に他成分が入らない搾汁を使用したもので，それ以外のものは搾汁又は濃縮果汁，還元果汁を主原料とし，酸味料や酸化防止剤，香料，増粘安定剤等を混合した飲料である．なお，リンゴ果汁で酸化防止剤が入っていないストレート果実ジュースはストレート

表4-4-1　農産漬物の種類

分類	種類
塩漬け	らっきょう，すぐき，野沢菜，広島菜，高菜，白菜，桜花，シバ（生），梅干し
酢漬け	らっきょう（味付），千枚漬け（カブ），ハリハリ漬け（大根），しょうが（梅酢）
醤油漬け	福神漬け（大根等7種），たまり漬け（ダイコン，キュウリ，ナス，シソの実等），シバ（味付）
粕漬け	奈良漬（白うり，胡瓜，西瓜，生姜），山菜，わさび，守口漬け（大根）
糠漬け	本漬けたくあん（大根），早漬けたくあん（大根），日野菜，水菜，糠味噌漬け
味噌漬け	味噌漬け（大根，ナス，キュウリ，ショウガ，山ゴボウ，山菜，豆腐）
辛子漬け	ナスの辛子漬け，その他の辛子漬け
こうじ漬け	ベッタラ漬け，三五八漬け，ニシン漬け，豆腐よう
もろみ漬け	味噌もろみ漬け，醤油もろみ漬け
下漬け	下漬け（大根，キュウリ，ウリ，ナス，ショウガ，シソの実，山ゴボウ，ナタマメ，レンコン，山菜）
外国の漬物	ザワークラウト（ドイツ），オリーブのピクルス（イタリア），キュウリのピクルス（フランス），マリーネ（北欧），チャツネ（インド），キムチ（韓国），アチャラ（フィリピン），搾菜（中国）

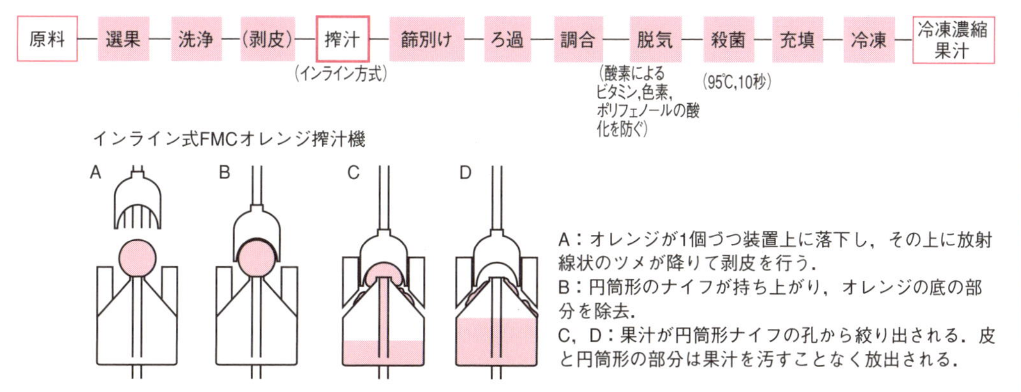

図4-4-2　果実飲料の製造工程

ピュアジュースと呼ばれる．

ネクター：果実を破砕後，裏ごしした果実ピューレを主原料として糖や酸味料，香料等を添加後に均質化した粘性のある飲料．オレンジやイチゴ，バナナ，モモ等のネクターが製造されている．

2）果実飲料の製造法

ミカン果汁：温州みかんを主とし，さらに香気を付与するためにオレンジ，夏みかん等を混合する．搾汁方式はいくつかあるが，一般的にインライン方式で行われる（図4-4-2，75頁）．

ブドウ果汁：芳香がよく，甘味に富む原料が望ましい．白ブドウではナイアガラ，甲州ぶどう，赤ブドウではコンコード，キャンベルアーリー等の品種が用いられる．水洗後，除梗し，赤ブドウでは発色をよくするために加熱（60℃前後で30分程度）し，アントシアン色素を溶出してから搾汁とする．遠心分離によりパルプ等の夾雑物を除去する．その後，瓶に詰めて殺菌し，1カ月以上冷蔵することで酒石酸やその他の夾雑物を沈降，上澄液を瓶に詰めて，高温短時間殺菌又は低温殺菌（80℃，30分）を行う．

リンゴ果汁：紅玉，国光，デリシャス，スターキング等の品種が用いられる．リンゴ果汁には混濁果汁と清澄果汁とがある．リンゴを水洗後，破砕，圧搾して搾汁する．この際，果肉は酸化褐変しやすいので，破砕時にアスコルビン酸（ビタミンC）と食塩の混合溶液を噴霧する．搾汁液中はペクチンが含まれ，その保護コロイド作用により，安定な混濁を保っている．清澄果汁にするためには，ペクチン分解酵素を作用させ，加熱処理により酵素を失活，冷却後にろ過する．

4・4・4　ジャム

1）種類

ジャム類は，ジャム，マーマレード，ゼリーに分かれる．ジャムは果肉に砂糖を加えて濃縮したもので，2種類以上の果実を混合したミックスジャムや果実の形が保たれたプレザーブスタイルがある．ジャム類のゲル化は果実中のペクチンに起因する．ペクチンはガラクツロン酸のカルボキシル基のメチル化の度合いで分けられる．メチル化率の高いもの（メトキシル7%以上）は高メトキシルペクチンと呼ばれ，糖類と酸によりゲル化する，一方，低いもの（同7%未満）は低メトキシルペクチンと呼ばれ，カルシウムイオンでゲル化し，低糖度ジャムに利用されている．

2）製造工程

イチゴジャム：適熟果のへたをとり，水洗した

表4-4-2　缶瓶詰めの一般的製造法

工程	説明
原料	品種の選択，成熟度等原料の品質管理が重要．
洗浄	原料に付着している土砂，薬剤等を除去すると同時に付着している腐敗菌を減少させる．シャワー又はスプレーによる洗浄．
選別	異物や未熟果，腐敗部を取り除き，形状や熟度等の均一化．
加熱処理（ブランチング）	酸化酵素を不活性化して酸化を防止すること，色沢をよくし，弾力性を与えて肉詰めを容易によくする，組織内の酸素を除去し，酸化の原因を低減．
剥皮	手又は機械，蒸気又は熱湯，化学薬品（塩酸，硫酸や苛性ソーダ等）による．
水晒し	アクと呼ばれる変味・変質に関係ある物質，アルカロイド，タンパク質，ペクチン質等注入液を混濁する物質，その他剥皮処理時の薬剤の残存を除去．
肉詰め	コールドパックとホットパックがあり，前者はエンドウ，ミカン等調整した野菜や果実をそのまま詰める方法．後者は熱伝導の遅いトマトピューレーやジャムを熱いうちに詰める方法．
脱気	食品組織内の空気や溶存空気，ヘッドスペース空気の除去により，容器内面の腐食の抑制，内容物の酸化・変質防止，加熱時の熱伝導性向上，容器の膨張や破裂の防止．
密封	缶詰にはスズメッキが施されたブリキ板を材料とした容器が使われる．缶胴に充填後，二重巻締機で缶胴のフランジと缶蓋カールを包合圧着．瓶詰めはゴム，プラスチック，コルクで製造した蓋を打栓機で圧着締付け，又は巻き締め機で密封．
殺菌	加熱殺菌はその内容物中に存在する微生物の耐熱性と菌数，目標とする微生物の生残菌数，内容物の熱伝達速度等を考慮して温度と時間を設定．

後，所要砂糖の半量を加えて30分程度放置すると，浸透圧の関係でイチゴから水分が浸出し，以後の操作が容易になる．これに残りの糖類を加えながら煮詰め，糖濃度67～68%になるまで濃縮し，熱いうちに容器に詰め，殺菌（90～100℃で約10分間）を行う．又，ゲル化のため，ペクチンを加えることがある．酸味やpHの調整，赤い発色をよくするため，クエン酸を入れる場合もある．最近は真空濃縮により生に近い風味を保つ製品も製造されている．

マーマレード：果汁又は果肉にオレンジや夏みかんの果皮を混合し，砂糖を加えて濃縮したもの（図4-4-3）．

4・4・5　果実・野菜の缶ビン詰

1）一般的な製造法

缶ビン詰めの一般的製造法を示す（表4-4-2）．

2）代表的な果実・野菜の缶・ビン詰の製造法

みかん：原料に温州みかんを用い，肉質がしまり，熟度と粒形がそろい，種子の少ないものを選択する．

もも：原料桃は黄肉種と白肉種に分かれる．果肉が絞まり粘核質で，核が小さく，核周囲に赤色色素がなく，果形がそろい，甘味・酸味が適当で香気の高いものが高品質である．

4・4・6　果実・野菜の冷凍品

果実や野菜は水分含量が多いものが多く，比較的短期間で品質劣化を起こるものが多い．そのため，品質劣化を防ぐ手段の一つとして冷凍技術がある．手段としては冷凍機の利用や氷と寒剤，ドライアイス，液体窒素等による凍結等があり，この保存方法により微生物や内在酵素による劣化が防止又は抑制されるため，品質が保持される．しかし，凍結・融解時に品質劣化が起こりやすく，急速凍結と原料に適した解凍法で劣化を軽減することが可能である．加工食品の原料として保蔵のために冷凍する場合（特に輸入品に多い）や，半加工品の流通のために行う場合等がある．冷凍イチゴ，冷凍ブルーベリー，冷凍マンゴー，冷凍ほうれん草，冷凍ブロッコリー等多くの食材が冷凍品で流通している．

1）製造法

イチゴ：原料は，肉質のしまった，色調や香気に優れたものを使う．へたを除去後，洗剤液に浸漬，水洗，水切り，選果後，バラ凍結を行う．この際，イチゴ3～6に対し，砂糖を1の割合で混合し，ポリエチレン袋等に詰めて密封し，冷凍する．なお，変色防止のため，2%アスコルビン酸溶液を果粒に噴霧することもある．

ほうれん草：業務用として販売されるものが多く，根冠部をつけて凍結される．原料は新鮮な濃緑色を示し，柔らかく風味良好で，葉の基部に赤みが多いものが望ましい．洗浄後，ブランチングを行い，冷却し，秤量，凍結，グレーズ（氷衣），包装，急速凍結する．－18℃以下で1年間以上の保存が可能である．

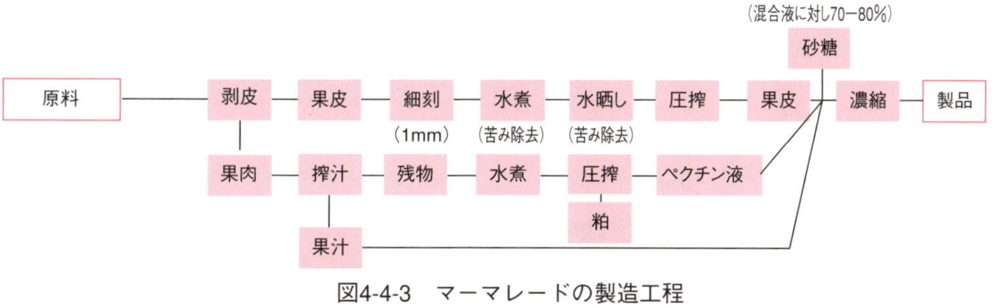

図4-4-3　マーマレードの製造工程

4・4・8　果実・野菜の乾燥品

1）製造法

食品を乾燥し，水分を除去することで，食品中の水分活性を下げることで，微生物による腐敗や酵素による変敗を防止する方法であり，水分含量も比較的多く，品質劣化を招きやすい果実や野菜の保蔵法の一つとして有効である．又，食品によっては乾燥により新しい香味やテクスチャーを付与する等その特性の改善が期待される場合もある．各種果実・野菜の乾燥品の製造法を示す（表4-4-3）．

4・4・9　その他

さわし柿：渋柿の渋味成分である水溶性タンニンを不溶化すると渋みはなくなる．このタンニンの不溶化にはアルコール，温湯，炭酸ガス（二酸化炭素）が利用される．これらの処理により柿細胞は嫌気呼吸を行い，結果，生成したエタノールが柿果中の酵素により酸化され，アセトアルデヒドになり，これがタンニンと結合して不溶性となる．以下に一般的脱渋法を示した．

アルコール法（樽さわし法）：最も利用される方法で，箱に渋柿を入れ，35～40％エタノール溶液を容器の0.5～1.0％程度加え，20℃で密閉すると約1週間で脱渋する．

湯抜き法：やや堅い渋柿を約40℃の湯湯に入れ，10～20時間温度を保持する．この方法は短時間で脱渋されるが，外観や貯蔵性が悪いという欠点がある．

炭酸ガス法：密閉した容器に渋柿を入れ，空気を炭酸ガスで置換（70～80％）する．脱渋時間は炭酸ガスの圧力，温度，柿の品種によって異なり，25℃前後では加圧すると34～36時間，常圧で5～6日かかる．

表4-4-3　果実・野菜の乾燥品の製造法

分類	種類
干しぶどう	熟したぶどうを10日間程天日乾燥後，日陰で4～5日積み重ね，水分を約15％に調整する．色沢をよくするため，オリーブ油を入れた重炭酸ソーダ溶液で処理する場合もある．
干し柿	渋柿を剥皮後，硫黄燻煙処理（変色防止や殺菌，殺虫）を行う．その後，乾燥させる．途中手もみをすることで，内部水分を表面に拡散させ乾燥を効率化する．乾燥により表面が硬化し，脱渋する．又，表面にある白い粉はブドウ糖と果糖である．
干しあんず	完熟した果実を水洗後，分割，除核し約1時間硫黄燻煙を行う．その後，天日乾燥を4～6日，人工乾燥を60～65℃で約12時間行う．
干ぴょう	夕顔の果肉を幅2～3cm程度の帯状に削ぎ，天日乾燥又は人工乾燥（50℃前後で6時間）を行う．漂白，殺菌，殺虫のため，硫黄燻煙を行う場合もある．
切り干し大根	大根を洗浄後，スライサーにて細長く洗浄し，2～3日乾燥を行う．収量は生鮮物に対して6～8％である．大根を乾燥後，輪切りにしたものをハリハリ大根又は花切大根と呼ぶ．

<コラム>すんき

長野県の木曽地方で作られる漬物で食塩を使わないという特徴をもつ．カブの茎や葉を材料とし，乳酸菌による発酵を利用して製造する．現地ではそのまま食べたり，すんき汁という汁物，また，そばやうどんに入れて食べる．

4・5　乳・乳製品

日本における乳利用の歴史は，7世紀の中頃に始まる．しかし商業規模での製造は明治時代まで待たねばならず，さらに本格的な生産は第二次世界大戦後のことである．

乳・乳製品に関しては，「乳及び乳製品の成分規格等に関する省令」（昭和26年厚生省令第52号，通称「乳等省令（にゅうとうしょうれい）」）に基づき，品目ごとの定義，成分規格，製造方法や条件等が定められている．

草食・肉食・雑食動物を問わず，哺乳類といわれる動物は，その子が離乳するまでの間，乳のみで子を育てる．乳には，授乳期に必要な栄養成分がバランスよく含まれており，子の生育を促進する．乳及び乳を原料として加工される乳製品は，バランスのよい栄養成分に加えて，嗜好性・保存性・簡便性等を高め，豊富な種類と幅広い用途をもっている（図4-5-1）．

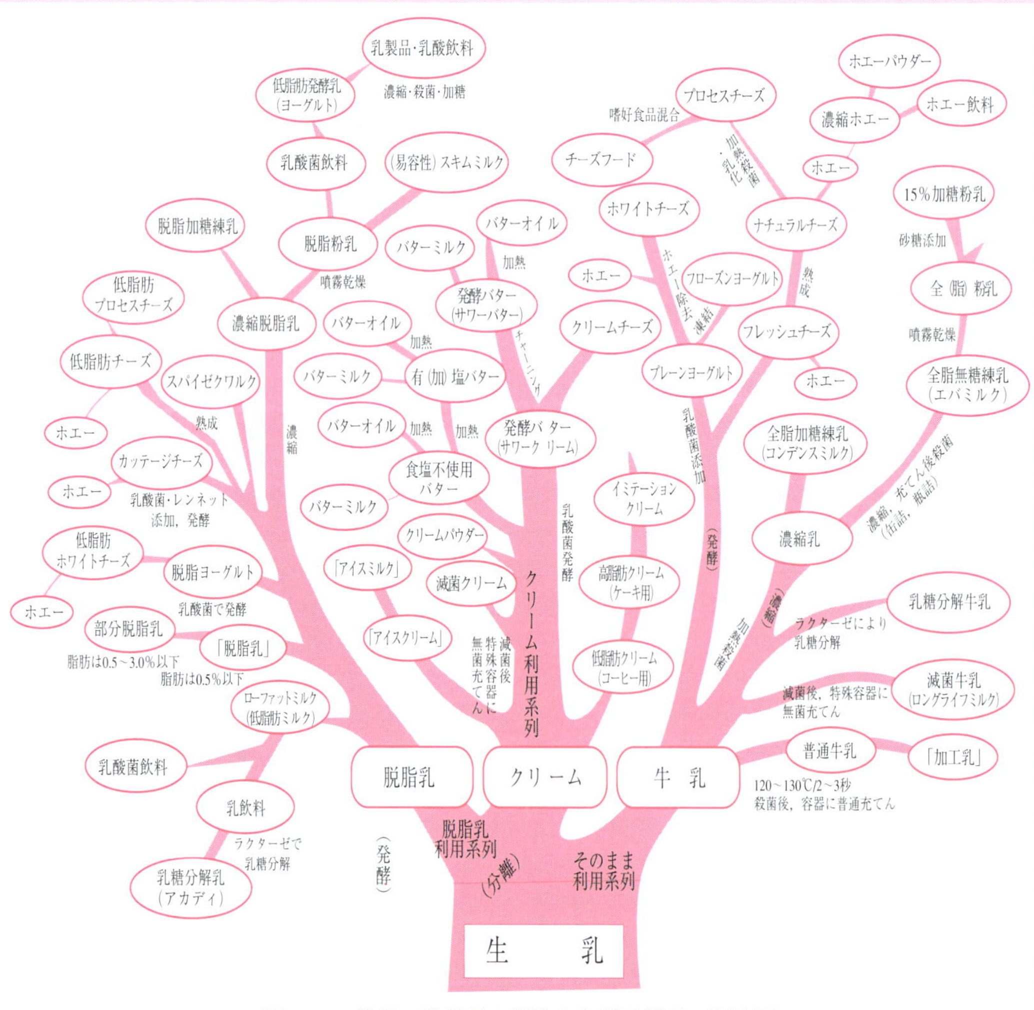

図4-5-1　牛乳・乳製品の製法と各種乳製品の関連図

4・5・1　乳の化学

1）乳の組成

世界各地では，牛の他に，山羊，羊，水牛，馬等の乳が利用されているが，日本では大部分が牛乳である．牛乳の主成分は，牛の種類，個体差により，一定の範囲内で変化する．わが国ではホルスタイン種が主流であり，その成分を示す（表4-5-1）．

乳成分として，全固形分とともに無脂乳固形（SNF：solid non fat）という表現が使われる．SNFは全固形分から乳脂肪分を減じたものであり，平均的には牛乳中に9%程度含まれる（表4-5-1）．

①乳脂肪（milk fat）

乳脂肪は，脂肪球として乳中に存在する．直径は0.1～20 μmであり，平均的には3～4 μmである．搾っただけの牛乳を静置しておくと脂肪球が浮上して表面にクリーム層を形成する．個々の脂肪球は薄い膜で覆われている．この膜は，脂肪が牛乳中の酵素による分解を防ぐ機能をもっている．

乳脂肪中の主要な脂肪酸は，オレイン酸，パルミチン酸，ステアリン酸，ミリスチン酸等である．

②乳タンパク質（milk protein）

乳タンパク質は大別すると，カゼイン，アルブミン，グロブリン及び膜タンパク質に分類できる．

カゼイン：牛乳中のタンパク質の約78%．水に不溶であるがアルカリ溶液や強酸性溶液には溶解する．カゼインの等電点はpH4.6であり，このpHでカゼインは凝集し沈殿する．

アルブミン：乳タンパク質の10～15%．チーズ製造時に，アルブミンはホエーの方に残るため，ホエータンパク質ともいわれる．60℃

表4-5-1　牛乳の成分

主成分	範囲（%）	平均値（%）
水分	85.5～89.5	87.0
全固形	10.5～14.5	13.0
脂肪	2.5～6.0	4.0
タンパク質	2.9～5.0	3.4
乳糖	3.6～5.5	4.8
灰分	0.6～0.9	0.8
無脂乳固形		9

表4-5-2　飲用乳の種類

種類	成分の特徴
牛乳	他物を混入しないもの
加工乳	クリーム，バター，脱脂粉乳等を添加して乳固形分を増加したもの
部分脱脂乳	脱脂して脂肪含量を低下したもの
強化牛乳	ビタミンやミネラルを補強したもの
還元牛乳	全粉乳又は全脂濃縮乳を原料としたもの
乳飲料	フレーバー，果実のエキス等を添加したもの

表4-5-3　飲用乳の殺菌，滅菌方法

殺菌，滅菌方法	処理条件	製品の特徴
LTLT（Low Temperature Long Time） 低温殺菌法	62～65℃，30分 保持式殺菌器	生の風味が残る 保存性が悪い
HTST（High Temperature Short Time） 高温短時間殺菌法	72～85℃，2～15秒 プレートヒーター	生の風味に近い 保存性向上
UHT（Urtra High Temperature） 超高温殺菌・滅菌法	120～150℃，0.5～4秒 プレートヒーター	芳ばしさが生じる 生臭さが無くなる 保存性がよい

で熱凝固する．

グロブリン：牛乳中にごく少量含まれている．牛乳が75℃以上に加熱されると凝固する．グロブリンとアルブミンとは，初乳（出産後5日までの乳）に多く含まれる．

膜タンパク質：牛乳中のタンパク質の約5％．脂肪球を包んでいるタンパク質である．リン脂質とタンパク質とで構成されるリポタンパク質からなっている．

③乳糖（lactose）

グルコース（ブドウ糖）とガラクトースからなる二糖類である．牛乳中には約5％の乳糖が溶解しているが，甘味度は低く，シュークロースの約1/30である．牛乳を高温で加熱すると褐変化するが，この現象はカラメル化といわれ，乳糖とタンパク質との化学反応の結果である．

④ビタミン類（vitamins）

牛乳は，多くの種類のビタミンを含有している．よく知られているものとして，A，B_1，B_2，C，D等がある．

⑤無機塩類（minerals）

牛乳は総量で1％弱の無機塩を含有する．無機塩類は，ホエー中やカゼイン複合体に存在し，主要な塩は，カルシウム，ナトリウム，カリウム，マグネシウム等である．

4・5・2　飲用乳（milk，processed milk，milk drinks）

飲用乳とは，牛乳，加工乳，脱脂乳等のことで，搾っただけの牛乳は生乳（せいにゅう）と呼ばれる．①生乳を原料とし，多様な乳製品が作られる，②生乳をそのまま使うもの，生乳からクリームを取り出して使うもの，③クリームを除いた脱脂乳を使うものに大別される．

飲用乳の種類を示す（表4-5-2，81頁）．

均質化：生乳の場合，脂肪球直径0.1～20μmである．大きな脂肪球は比重が軽く表面に浮上し，クリーム層を形成する．これを防止するため，均質機（homogenizer）により，脂肪球を細分化する．均質化処理した牛乳（ホモ牛乳）中の脂肪球は，1μm以下になり，1週間静置してもクリーム層を形成しない．

市乳の殺菌：食品衛生法では62～65℃，30分間又はこれと同等以上の条件で加熱殺菌することと定められている．現在広く行われている方法は，UHT殺菌で120℃，2秒間加熱した後，滅菌容器に無菌的に充填するものである．殺菌，滅菌方法を示す（表4-5-3，81頁）．

4・5・3　発酵乳（fermented milk）

発酵乳にはヨーグルト，乳酸菌飲料，酸乳飲料等がある．

ヨーグルト：規格では，無脂乳固形分8％以上，乳酸菌数（又は酵母数）1千万／ml以上含むものとされている．製品では，固体状，液体状，甘味のあるもの，フルーツを添加したもの，凍結したもの等がある．乳糖が発酵によって乳酸に変化しているので，乳糖不耐症といわれる人にも適した食品である．又，用いる乳酸菌の種類により，風味，テクスチャーを制御できる．さらに，生きた乳酸菌を含み整腸効果がある．

乳酸菌飲料：脱脂乳を乳酸菌で発酵し，砂糖，香料，その他の副原料を混合・均質化したもの．

酸乳飲料：乳酸発酵させた脱脂乳に，砂糖，香

表4-5-4　ナチュラルチーズの分類

硬さ		主な種類
超硬質		パルメザン，ロマノ
硬質	ガス孔のないもの	ゴーダ，チェダー，エダム
	ガス孔のあるもの	エメンタール，グリュイエール
半硬質	カビによる熟成	ブルー
	細菌による熟成	ブリック
軟質	熟成するもの	カマンベール，リンブルガー
	熟成しないもの	カッテージ，クリーム，ストリング

料を加え，シロップ状にして殺菌・充填した，わが国独特のもの．

4・5・4　チーズ（cheese）

チーズは，ナチュラルチーズとプロセスチーズの2つに大別される．ナチュラルチーズは，乳酸菌，カビ，酵素が活性をもった状態でチーズ中に存在し，製造過程及び保存中にも品質は変化していく．プロセスチーズは，ナチュラルチーズを数種類混合し，加熱殺菌したもので，保存中の品質変化は少ない．

この他に，チーズに植物油脂，調味料，食品等を加え，風味やテクスチャーに変化をもたせたものがあり，チーズフードと呼ばれる．

なお，乳の凝固物をカード（curd）といい，分離した液体をホエー（whey：乳清又は乳漿）という．ナチュラルチーズを硬さと熟成から分類した例を示す（表4-5-4）．

1）ナチュラルチーズ

ゴーダチーズの製造工程を示す（図4-5-2）．生乳を検査した後，加熱殺菌・冷却して，乳酸菌（スターター）・レンネット（凝乳酵素）を加えてカードを作る．適当な固さになったカードをカードナイフで，1～2cm角の賽の目状に切り，カード中のホエーを排出する．ホエーを除去し，型に詰めて数時間圧搾してさらにホエーを除去しながら成型する．

これを食塩水に数日間浸漬した後，表面を乾燥させ，熱パラフィンやワックスで表面を覆い，熟成室で5～6カ月間熟成して仕上げる．

2）プロセスチーズの製造法

ナチュラルチーズを細かく粉砕して乳化釜に入れ，これに1～3%程度のクエン酸ナトリウム，リン酸ナトリウム等の溶融塩を添加し，加熱混

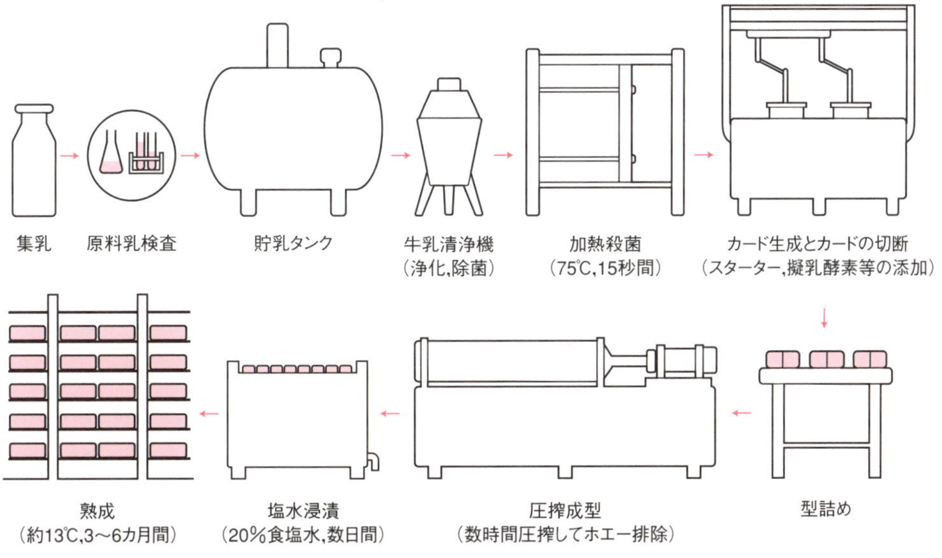

図4-5-2　ゴーダチーズの製造工程

表4-5-5　クリーム類の分類

分類	油脂の種類	添加物			
		乳脂肪	植物油脂	乳化剤	安定剤
クリーム	生クリーム	○	×	×	×
乳等を主原料とする食品（乳主原）	純乳脂肪クリーム	○	×	○	○
	純植物性脂肪クリーム	×	○	○	○
	コンパウンドクリーム	○	○	○	○

練すれば溶けてペースト状のプロセスチーズができる．流動性のあるうちに様々な形に成型し，冷却して製品とする．

プロセスチーズは日持ちがよく，風味はマイルドで使いやすいものが多い．カートン包装したブロック状の他に，切れ目の入ったもの，円盤形を6個あるいは8個に分けたもの，スライス，スティック，あるいは球形のもの等がある．又，加熱するととろけるタイプは，料理の素材としても利用できる．

4・5・5　クリーム（cream）

生乳を遠心分離して得られる乳脂肪がクリームで，水中油滴型（O/W型）のエマルションである．わが国では，乳脂肪を18％以上含み，乳化剤，安定剤等を加えていないものを生クリームと表示できる．クリームの規格と表示を示す（表4-5-5，83頁）．

クリームは，コーヒー用とホイップ用とに大別される．コーヒー用は，脂肪率が低く20～30％である．ホイップ用は，泡立ててケーキのデコレーション等に使い，脂肪率は40～50％ある．

4・5・6　アイスクリーム（ice cream）

クリームが主要な原料で，これに砂糖，香料，安定剤等を加えて殺菌し，凍結硬化したのがアイスクリームである．アイスクリーム類の規格を示す（表4-5-6）．

アイスクリームの製造では空気の混入量が重要である．空気を混入させる事により，ソフトなテクスチャーに仕上がる．

空気の混入量の程度をオーバーラン（over-run）と呼び，次式により％で表示する．

$$\text{オーバーラン}(\%) = \frac{\text{アイスクリームの容積}-\text{ミックスの容積}}{\text{ミックスの容積}} \times 100$$

一般的なアイスクリームのオーバーランは80～100％程度であるが，高級アイスクリームの中に

表4-5-6　アイスクリーム類の規格

種　類	成分規格		衛生基準	
	乳固形分	うち乳脂肪	大腸菌群	細菌数（1g当たり）
アイスクリーム	15％以上	8％以上	陰性	10万以下
アイスミルク	10％以上	3％以上	陰性	5万以下
ラクトアイス	3％以上	—	陰性	5万以下

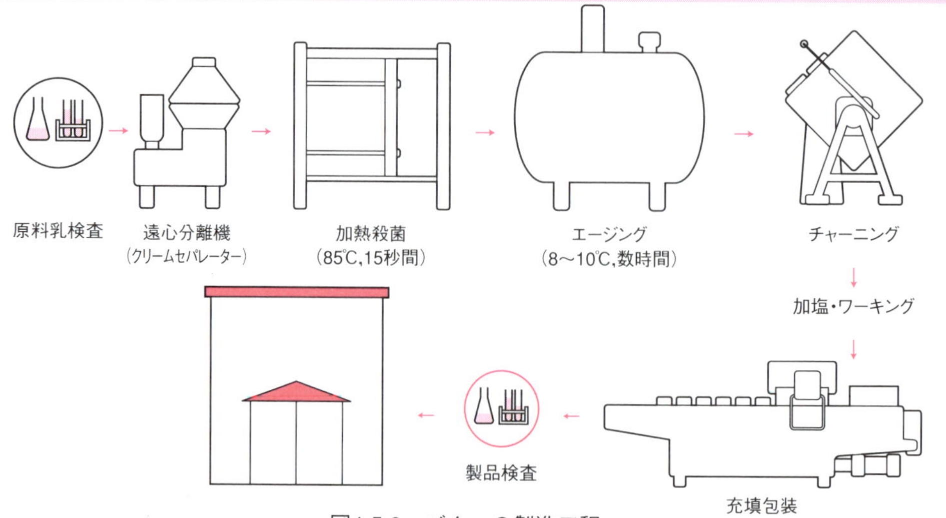

図4-5-3　バターの製造工程

は30%前後の低オーバーランの製品もある．オーバーランが低いと濃厚感が高まり，コクのある風味が出る．

4・5・7　バター（butter）

バターはクリームをチャーニング（churning：攪拌操作）によって脂肪分を塊状にして（油中水滴型（W／O）のエマルション）集めたもので，乳脂肪を80%以上含有し，風味がよく栄養価の高い食品である．

1～2%の食塩を添加した有塩バター（食卓用）と，添加しない食塩不使用バター（製菓用，調理用）に分けられる．

又クリームの段階で乳酸菌を添加して発酵させた発酵バター（fermented butter）がある．これは特有の芳香と酸味があり，ヨーロッパではこのタイプが主流である．わが国をはじめ，アメリカ，オーストラリア等では非発酵タイプが一般的である．バターの製造工程を示す（図4-5-3）．

4・5・8　粉乳（milk powder, dried milk）

粉乳は牛乳を濃縮，乾燥したものである．生乳を乾燥した全脂粉乳，バター製造の副産物である脱脂乳を乾燥した脱脂粉乳，クリームを乾燥した粉末クリーム，各種栄養成分を添加した調製粉乳等がある．調製粉乳は育児用粉ミルクとして栄養学的にも高度な技術が盛り込まれた製品である．

脱脂粉乳の製造工程を示す（図4-5-4）．家庭用のインスタントスキムミルクは，粉末状に乾燥したものをさらにインスタタイザーという機械にかけ，蒸気で湿らせて造粒することにより，温湯や冷水にも溶けやすい性質となる．図4-5-4に，噴霧乾燥した脱脂粉乳の形態を光学顕微鏡と走査型電子顕微鏡で同倍率で観察した像を示す．

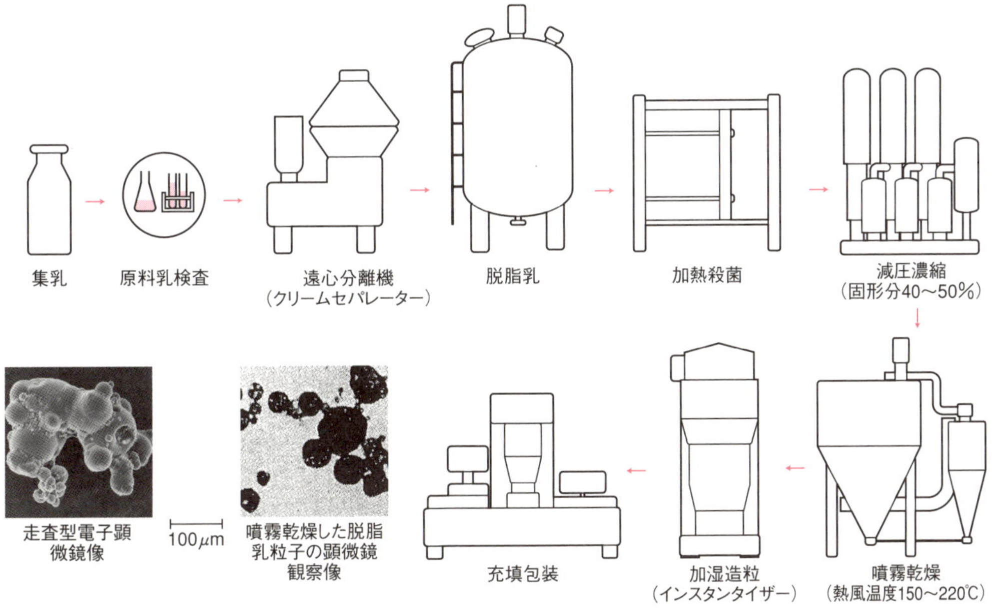

図4-5-4　粉乳の製造工程

4・6　鶏卵加工品

鶏卵は起泡性，熱凝固性，乳化性等の重要な加工特性を有し，起泡性，凝固性については，タンパク質の立体構造及びその変化（変性）が関与している．又乳化性は卵黄に含まれるリポタンパク質（リン脂質とタンパク質の複合体）により発現し，マヨネーズの製造に必要な強力な乳化力となる．

鶏卵重量により，LL～SSまでの6段階に分けられ，表示色で区分される（表4-6-1）．

4・6・1　卵の品質検査

1）殻付き卵の検査

殻付き卵の検査方法には割卵を行わずに検査する，透過光検査等の外観検査法と，割卵し卵白・卵黄の状態を調べる割卵検査法に2分される．

外観検査法：外観検査は，卵殻の洗浄前に全体の形，卵殻の色及び表面の状態を調べ，洗浄後に卵重の測定，透過光検査を行い，腐敗卵等の食用に適さないものを除外する．

新鮮卵の場合には光を透過するが，腐敗卵の場合には光を透過せず卵黄部分が黒くなる（黒玉）．又，血液が混ざっているもの（血玉）やカビ集落が判別できたものは除外する．この方法は，短時間のうちに大量の卵の検査が可能であるが，厳密な鮮度判定には適さない．

卵比重による検査：卵比重による鮮度評価は，各種比重の食塩水を調整し，その中に判定しようとする卵を入れ，浮き沈みによって行うものである．新鮮卵の卵比重は1.07～1.09（平均1.083）であり新鮮卵であれば10％食塩水（比重1.074）にほとんど沈み，食用としての目安は，比重1.03であり4％食塩水（比重1.026）に浮くようであれば，食用として適さない．

2）割卵検査

割卵検査の目的は，殻付き卵の鮮度把握にあるが，抜き取り検査により行われる場合と，外観検査では異常判定が難しい場合に行われる場合がある．又，その検査方法は，卵白について調べる方法と卵黄について調べる方法に分けることができる．

卵白による鮮度検査：卵白による新鮮卵の検査方法としては，1937年にRaymnd Haughによって考案されたハウ（単位）（Haugh unit，HUと略す）が，最も広く用いられている．この方法は，割卵した卵の濃厚卵白の高さを測定し次式によりHU値を求める．

$HU = 100 \cdot \log(H - 1.7W^{0.37} + 7.6)$，

H：濃厚卵白の高さ（mm），W：殻付き卵の重量（g）

わが国では，ハウ・ユニットによる等級分けはないが，アメリカにおいてはHU：72以上が“AA”，60以上を“A”，32以上を“B”，31以下を“C”と分類している．日本では卵を生食する食文化があるので，生食が可能かどうかの判断基準はHUで60以上とされている．それ以外の卵白による鮮度判定法としては，卵白係数，濃厚卵白百分率，卵白評点等があり，卵白係数は平板上に割卵した濃厚卵白の高さを，濃厚卵白の広がりの最長径と最短径の平均値で割った値である．新鮮卵の卵白係数は0.14～0.17の値となり，古くなるに従いその値は低下する（図4-6-1）

表4-6-1　鶏卵のサイズと表示色区分

サイズ	表示	卵重（g）
LL	赤	70～76
L	橙	64～70
M	緑	58～64
MS	青	52～58
S	紫	46～52
SS	赤	40～46

卵重：1個当たりのg数

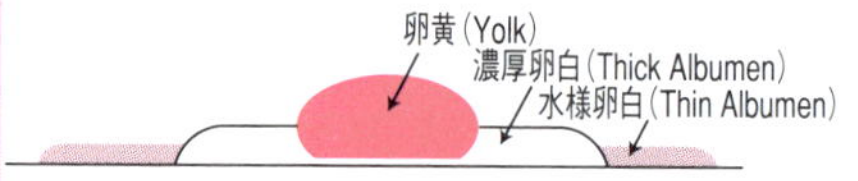

図4-6-1　平板上の卵断面

卵黄による鮮度検査：卵黄による新鮮卵の検査方法には，卵黄係数，卵黄偏心度がある．卵黄係数は，殻付き卵を平板上で割卵し，卵黄の高さを卵黄の直径で割った値で，新鮮卵では，0.36～0.44で古くなるに従い値は低下する．卵黄偏心度は平板上で割卵した鶏卵の卵黄の位置を評価する方法である．卵黄が卵の中心にある場合を1点，卵白の外に出た場合を10点とし，卵黄偏心度評点図を用いて1～10点の範囲で採点する．

4・6・2　卵の一次加工

卵は廉価で非常に栄養価の高い食品であるため，調理や加工食品に幅広く利用されている．加工用あるいは外食産業で使用する時には，あらかじめ割卵されているものを使用していることが多い．（図4-6-2）

1）液卵の製造

液卵には，全卵と卵黄及び卵白に分割された製品がある．

割卵された液卵は，冷却タンク内で0～5℃に冷却し混合均一化されるが，混入した卵殻小片，カラザ，卵黄膜を取り除くため通常は20～40メッシュの連続式ろ過器（ストレーナー）を通す．ろ過された液卵は必要に応じて殺菌処理されるが，液卵は熱凝固性を有するため牛乳のような超高温短時間殺菌（UHT法）は用いず，液卵白では55～57℃，液卵黄及び全液卵では60～65℃で殺菌される．この殺菌の目的は，一般生菌数を規格以下にし，食中毒の原因となるサルモネラ菌及び大腸菌群を陰性にするためである．殺菌時間は，バッチ式殺菌では15～30分，連続式殺菌では3～5分間の加熱処理を行う．

卵黄は凍結保存するとゲル化し解凍した時に使用できなくなるため，凍結卵液の場合は，あらかじめ加糖，加塩等を行い凍結変性を防いでいる．

液卵は乳化性，熱凝固性，起泡性の三大機能性のほか，色調や風味剤としての用途がある．乳化性を利用した製品には，マヨネーズ，ドレッシング，アイスクリーム，熱凝固性を利用したものには，茶碗蒸し，卵豆腐，卵焼き，畜肉・水産加工品，又起泡性を利用したものには，スポンジケーキ，クッキー，メレンゲ等の製菓・製パン製品，色調・風味を利用した製品には，カスタードクリーム，黄味餡等がある．

2）濃縮卵及び乾卵の製造

卵中の水分は全卵で約75%，卵白で約88%，卵黄で約51%含有され，この水分はそれぞれの成分が卵特有の機能性を発揮するために重要である．しかし，経済性あるいは取り扱いの容易さ等から問題が多く，最近は卵中の水分を除去した製品が数多く生産されるようになった．

卵白の濃縮：逆浸透圧法（reverse osmosis），あるいは限外ろ過法（ultra filtration）が用いられる．膜濃縮の場合，使用する膜の種類によ

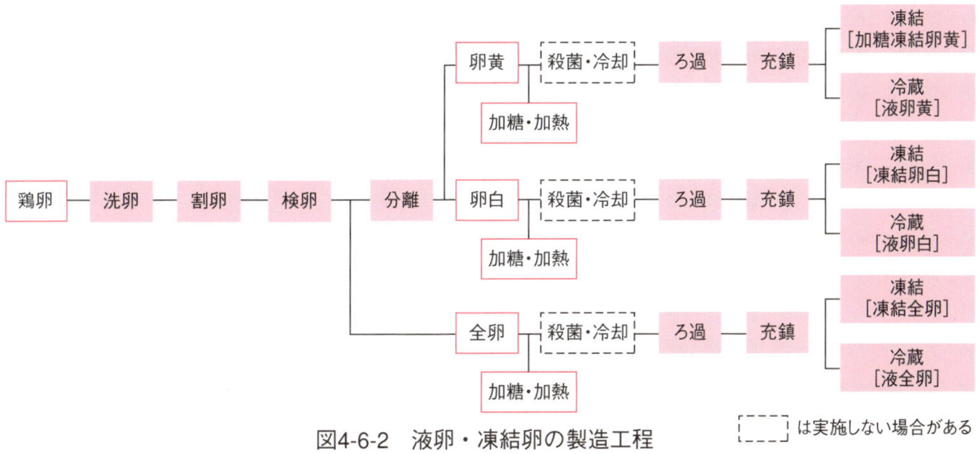

図4-6-2　液卵・凍結卵の製造工程

り濃縮卵白の成分は多少異なるが，通常は分子量1～2万以上のものを保持できる膜が使用されている．

全卵の濃縮：通常，加熱減圧濃縮が行われている．全卵も卵白同様，膜濃縮も可能であるが，濃縮に時間がかかること，卵黄を含むため卵白よりも濃縮中に細菌の増殖や膜の濃縮率の低下が見られるため，全卵の場合，膜濃縮はほとんど用いられない．加熱減圧法は，まず予備加熱として60℃まで加温を行うが，この時にタンパク質の熱変性を防ぐために糖を添加する．添加する糖は通常ショ糖を用い，液全卵の50%の重量を加え予備殺菌後，減圧し濃縮率2倍まで原料を循環しながら濃縮を行う．ショ糖以外に食塩を添加することもあるが，この場合は特殊用途に限られる．

加糖濃縮全卵は，全卵の機能性をほぼそのまま維持しているので，加水により液全卵と同様に用いることができる．しかし，加糖されているためその主要途は製菓や製パン業界に限定されている．卵黄についてはその水分量が約50%と低いために濃縮されることはほとんどなく，直接加糖後，製品化されている．(図4-6-3)

液卵の乾燥：様々な方法があるが，最もよく使われている方法は噴霧乾燥法（spray dry）である．この方法は，130～150℃の熱風の中に液卵を微粒子の状態で噴霧し，瞬間的に水分を蒸発させる方法である．噴霧乾燥は，乾燥条件を比較的コントロールしやすく，乾燥効率もよいため，製品の品質が安定し，製造コストが比較的低く抑えられる利点がある．

卵白の噴霧乾燥においては，卵白中に約0.5%（乾物中約4%）含まれるグルコースが乾燥後の殺菌中にタンパク質とメーラード反応を起こして卵白が褐変し最終的にはタンパク質を不溶化させるため，脱糖処理を行ってから乾燥させる．全卵粉末，卵黄粉末中にもグルコースが含まれているが，これらの製品は高温で長時間保存しない限り，ほとんど褐変あるいは風味の劣化が起こらないため，通常はコスト面から脱糖処理されずに噴霧乾燥し粉末化されている．

この他の方法としては，凍結乾燥法（freeze dry）がよく用いられるようになってきた．この方法は，乾燥時に品温があがらないので高品質の製品ができるが，先に述べたように，卵黄は凍結するとゲル化するため，一般的に卵黄を含む液卵に凍結乾燥は不向きである．しかし，液体窒素（－196℃）を用いて急速凍結を行ったものについては凍結乾燥が可能で，非常に品質のよい製品が得られる．しかし凍結乾燥により生産された乾燥卵は，噴霧乾燥法に比べて製造コストが約5倍と

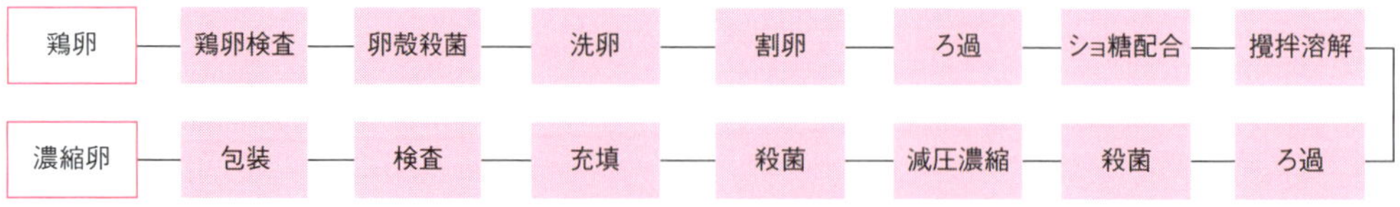

図4-6-3　加糖濃縮卵の製造工程

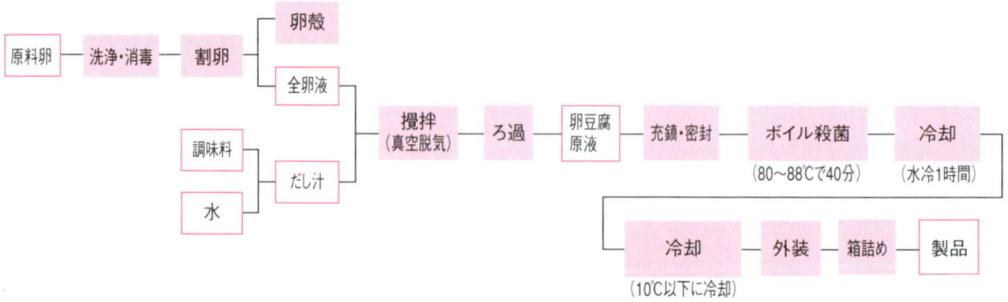

図4-6-4　卵豆腐の製造工程

いう難点がある．

4・6・3　卵の2次加工品

一次加工品は，卵の割卵，濃縮，凍結，乾燥等比較的簡単な加工で，卵本来の機能性をできるだけ損なわない点に主眼が置かれていた．二次加工品は，卵のもっている機能性を有効に利用して，さらに付加価値をもたせた製品である．

1）卵豆腐・茶碗蒸し

卵豆腐，茶碗蒸しはいずれも卵に加えるだし汁の量により出来上がりの軟らかさに差が生じ，卵豆腐や茶碗蒸しになる．卵豆腐の場合は卵に対し約1.5倍量のだし汁を，茶碗蒸しの場合には約3倍量のだし汁を加えて熱凝固させたものである．加熱温度は85～90℃程度がよく，90℃以上の加熱は“す”が入るため避けなければならない．(図4-6-4)

茶碗蒸しの場合には，卵液にだし汁及び具を入れて冷凍したものと，硬質プラスチック製の容器に調味した液卵と具を入れ加熱処理した2種類の製品が主に販売されている．加熱処理済みのものは冷蔵のみで流通しているが，これは茶碗蒸しを冷凍すると組織がスポンジ状になり，食感も非常に悪くなるためである．

2）皮蛋（ピータン）

古くから中国において作られ，元来はアヒルの卵を加工したものであるが，最近は鶏卵や鶉(うずら)の卵を加工したものもある．製造方法は，茶葉又はその煎じ汁，草木灰，消石灰又は生石灰，食塩及び炭酸ナトリウムを混ぜてペースト状にしたものを卵殻に1cm程度の厚さに塗り，お互いに付着しないように籾殻(もみがら)をまぶして，25～35℃で約1.5～2カ月間密封保存したものである．保存期間中にアルカリ物質が卵に浸透して卵白は透明感のあるゲル状になるが，茶葉等による着色のために褐色を呈する．卵黄は，卵白タンパク質がアルカリにより分解されて発生した硫化水素と卵黄中の鉄分のために暗緑色を呈する(図4-6-5)．

3）卵焼き

総菜として一般家庭から，最近は集団給食，外食産業用等の業務用として大量に生産されるようになってきた．種類は，厚焼き卵，太巻き卵，薄焼き卵，錦糸卵，オムレツ等があり，それぞれ専用の製造機械により生産されているが，これらのほとんどの製品が乾燥して保存性を高めることが困難なため，冷凍あるいは冷蔵で輸送，保管されている．

4）マイクロ波加工卵

マイクロ波は食品中の水分を発熱させるので加熱効率が高く，複雑な形状のものでも表面及び内部を非常に短時間のうちに加熱処理できる．鶏卵に対するマイクロ波は，膨化乾燥を主目的としており，インスタント食品の乾燥具材として大量生産されている．マイクロ波乾燥の場合には，内部発熱のために発泡を伴いながら急激に内部の水が蒸発し，最終的にスポンジ状となって乾燥するためその復元性は非常に良好である．

5）ドラム加工卵

表面が加熱された円筒形ドラムによって薄膜化されたもので，薄焼き卵やクレープがこれに属する．ドラム加工による薄焼き卵は連続式であり，卵ミックスをドラムに塗布した後に焼成する．薄いものでは，厚さが0.4～0.5mm程度のものが

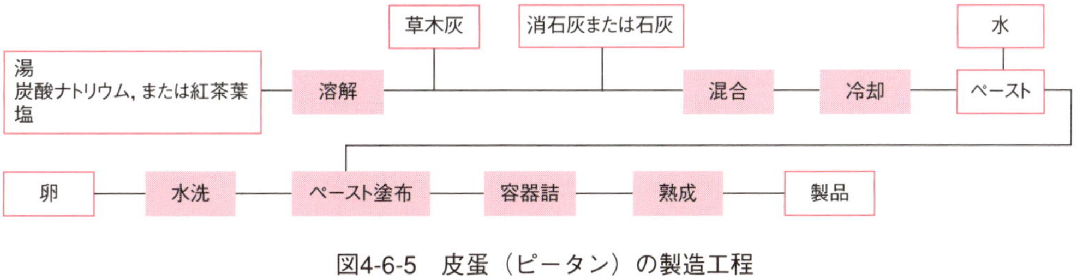

図4-6-5　皮蛋（ピータン）の製造工程

生産されている．焼成されたものは通常乾燥機に入れられ所定の水分含量まで乾燥させ，シート状あるいは錦糸卵に切断される．クレープは，全卵に小麦粉，バターを加えてドラムで焼かれたもので，製法はほとんど薄焼き卵の製法に準じる．(図3-3-7，P34参照)

6）ロングエッグ

どの部分を輪切りにしても卵黄が卵白の中心にある製品である．ロングエッグの製法は，原料の卵黄と卵白を脱気した後，二重の金属チューブの外側に卵白液を充填し加熱凝固させる．次いで中側のチューブを引き抜いて卵黄を充填し再度加熱凝固させ，全体が凝固したら冷却しチューブより取り出し真空包装後，ボイル槽に漬け製品の外側の再殺菌を行い直ちに冷却し，冷蔵あるいは冷凍保管する．

4・7　食肉とその加工品

4・7・1　筋肉から食肉への変化

食肉として筋肉を食する場合，必ず動物の屠畜という工程を経ねばならない．屠畜後，筋肉は死後硬直が起こり解硬・熟成を経て初めて食肉として利用できるようになる．

1）屠畜と解体

屠畜前の家畜は給水だけは自由にし，18～24時間絶食，安静にしておく必要がある．家畜にストレスを与えたまま屠畜を行うと，肉質の低下を招くばかりでなく，異常肉が発生する割合も高くなる．屠畜後の肉の解体方法は各国によりまちまちであるが，わが国における標準的な牛と豚の分割法に示す（図4-7-1）．

2）死後硬直

死後の筋肉中で起こる解糖はグリコーゲンがピルビン酸から乳酸を生成してATPを生じる嫌気的解糖である．

屠畜直後の筋肉は，筋肉中のATPaseにより加水分解されるATPに見合う量のATPが筋肉中のクレアチンリン酸（CrP）とグリコーゲンから補給されるためにATP含量は一定に保たれている．この時の筋肉は柔らかく伸展性に富んでおり，このような状態を筋肉の硬直開始前期（delay phase）という．

次に，ATPaseにより加水分解されるATPに見合う量のATPを解糖系から得ることができなくなり，筋肉は急速に硬くなるが，まだ多少の伸展性を保持しており，この状態を硬直進行期（rapid phase）という．

その後，ATPがほとんどなくなると筋肉は完全な硬直（rigor mortis）状態になりpHが最も低くなり，筋肉は硬く，保水性が悪い肉となる．死後硬直までの時間は動物の種類，栄養状態，屠畜時の状態，枝肉の貯蔵温度等に左右されるが，ニワトリで2時間，豚で12時間，牛・馬で24時間前後といわれており，通常は大動物になるほど最大硬直までの時間が長くなる（図4-7-2）．

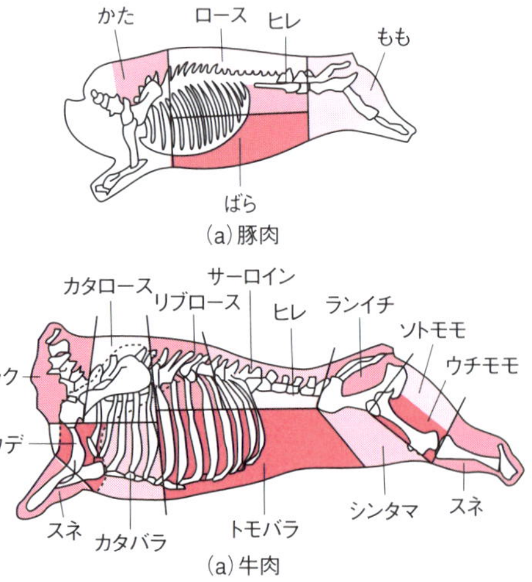

図4-7-1　日本式（農水省令規格）
（a）豚肉（b）牛肉分割図

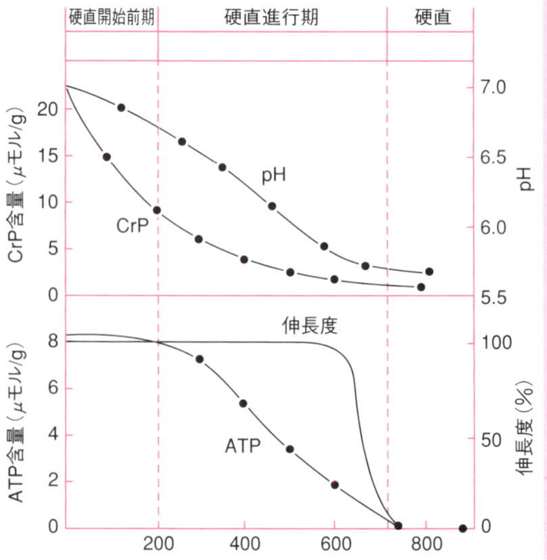

図4-7-2　死後筋肉におけるpH，クレアチンリン酸（CrP），ATPの変化と伸長度の関係

3）解硬・熟成

最大硬直後の肉は再び軟らかくなるが，このような過程を『肉の解硬・熟成』という．死後硬直後に食肉はZ線の脆弱化，アクチン・ミオシン間の硬直結合の脆弱化あるいは筋肉中に内在するプロテアーゼの作用により，徐々に軟化するとともに保水力や風味が改善される．この時，アミノ酸やペプチド等の旨み物質も生成され，筋肉は初めて食肉として利用できるようになる．解硬時間は死後硬直に至るまでの時間と同様に動物の種類，保存温度等の要因に大きく影響されるが，5℃に貯蔵した場合，解硬に要する時間は鶏肉で12～24時間，豚肉で4～6日，牛肉や馬肉で8～10日程度かかるとされている．

4・7・2　肉製品製造法

肉製品はその形状から次のように大別できる．

①肉塊を成形し加工した物（単身品：ハム，ベーコン等），②原料肉を挽肉にしたのち，カッティングした物（挽肉製品：ソーセージ等）がある．両者の形状は非常に異なっているが，その加工工程はかなり共通する点が多い．

1）原料肉

ハムやベーコン等の単身品は原料肉として主に豚肉が使用されるが，プレスハムやソーセージ等の挽肉製品では，豚肉のほかに牛肉，羊肉，鶏肉等が混合され，時には内臓や血液等も使用されることがある．最近は，製造技術が格段に向上し，各種リン酸塩等の結着剤を使用することにより，原料肉の配合は製品の価格により決定する場合が多くなっている．

2）塩漬（curing）

塩漬は製品の風味向上，発色，保水性の改善，保存性の付与を目的とし，食肉加工において最も重要な工程である．塩漬法には乾塩法（dry curing），湿塩法（wet curing），エマルション法（emulsion curing）等があり製品によって使い分けている．塩漬剤の配合は，基本塩漬剤として食塩，砂糖，発色剤を用い，さらにリン酸塩，調味料，香辛料を適時添加し混合した物を用いる．

乾塩法：伝統的な塩漬法で高級ハムやベーコンの塩漬，あるいはプレスハムやソーセージ等の小片肉の塩漬に用いられている．原料肉にまんべんなく塩漬剤をすり込み重石をして，3～5℃の冷蔵庫中で肉重量1kgに対して2～3日の塩漬を行う（表4-7-1）．

湿塩法：塩漬剤を水に溶かしたピックル液に原料肉を漬け込む方法である．大型のハムやベーコン類の製造に用いられる．ピックル液の食塩濃度は通常10～25％程度であり，原料肉10kgに対し5Lの割合で加え，3～5℃の冷蔵庫中で肉重量1kg当たり4～5日塩漬を行う（表4-7-2）．

エマルション法：挽肉原料をサイレントカッターで細切する時に塩漬剤を添加して塩漬する方法で，特に大量生産のウインナーソーセージやフランクフルトソーセージの塩漬に用いられている．挽肉機で処理した原料肉をサイレントカッ

表4-7-1　乾塩法用塩漬剤の配合例

	甘口	辛口
食塩	3～3.5	4～5
砂糖	2～4	1～2
硝石	0.2～0.3	
アスコルビン酸	0.3	
化学調味料	0.1	
香辛料	0.5～1	

（肉重量に対する％）

表4-7-2　湿塩法用ピックル液の配合例

	漬け込み用		インジェクター用
	甘口	辛口	
水	100	100	100
食塩	12～20	21～30	25
砂糖	2～8	0.5～2	2
香辛料	0.5～1		0.5～1
化学調味料	0.2		0.2
硝石	0.1～0.4		0
亜硝酸	0.05～0.08		0.05
リン酸塩	3～4		3～4
アスコルビン酸	0.3		0.3
ボーメ度	12°前後	18°前後	13°前後

ターで細切練り合わせ，この工程中に塩漬剤をそのほかの添加物とともに添加しソーセージエマルションを作り，充填，乾燥，燻煙及びクッキング中に肉色が固定される．

塩漬促進法：塩漬は食塩の浸透拡散現象を利用しており，塩漬剤の濃度と塩漬温度に大きく影響を受ける．さらに塩漬にはかなりの日数が必要になるため，塩漬時間の短縮のために種々の塩漬促進法が開発されている．

現在最もよく用いられている方法は，注射法（injection method）であり，その中でも多針注射法（needle injection method）が一般的である．この方法は，多数の注射針を原料肉に刺し一度に大量の塩漬液を注入する方法である．この方法により，肉中の筋原線維タンパク質の溶解と抽出が促進され，保水性と結着性が高まるために原料肉への相当量の加水が可能になる．しかし，塩漬促進法を用いて製造した製品は，長時間かけて塩漬した製品に比べ，塩漬肉特有の良好なフレーバーの醸成が乏しくなる傾向がある．

3）水浸（soaking）

大きい肉塊のまま塩漬した肉は，乾塩法，湿塩法にかかわらず水に浸漬して塩抜きをする．製品中の塩味を最適にする操作を水浸と呼び，できるだけ低温の水を使用して行う．

4）乾燥・燻煙（drying・smoking）

ハム，ベーコン，ソーセージは比較的短い時間乾燥させてから燻煙を行う．これは，燻煙時に煙の成分がケーシングを通過して肉内部に入りやすくするために行う．又，ドライソーセージ等は低温で長時間乾燥と熟成を行い，製品特有の風味・組織・貯蔵性をもたせた製品である．

本来，燻煙の目的は製品の保存性を高めることが最も重要であったが，近年，家庭における冷蔵庫の普及，包装技術や流通手段の発達により，燻煙処理は保存性よりも燻煙の二次的目的である，燻煙臭の付加，燻煙色の付与のために行われるようになってきた．燻煙には冷燻法（10～30℃），温燻法（30～50℃），熱燻法（50～90℃）及び焙燻法（90～120℃）に分けられている．

5）加熱（cooking）

ドライソーセージ・生ハム等の非加熱食肉製品を除いて，多くの食肉製品は水煮・蒸煮工程で加熱される．加熱は，食品衛生上の有害な微生物の殺菌，寄生虫の殺虫，肉タンパク質を変性凝固させ，製品を一定の形状にまとめ，製品の結着性，保水性を高め嗜好性に富む製品にするために行われる．又，加熱処理は，発色反応を進行させ，肉色を固定させるのにも役立っている．

わが国の食品衛生法では，肉製品の加熱条件は製品の中心温度が63℃に達してから30分以上加熱するか，あるいはこれと同等以上の加熱殺菌が義務づけられている．一般の肉製品に適用されている殺菌条件では，すべての微生物を死滅させることはできず，耐熱性の芽胞菌等が残存している．このため製品の保存性を高めるためには，原料肉

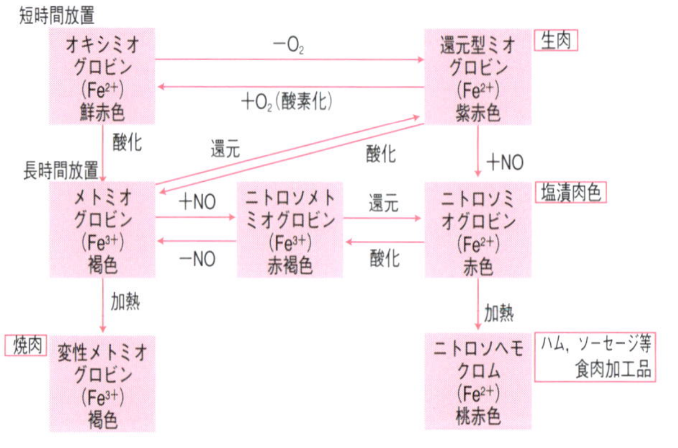

図4-7-3　肉製品の変色

及び加工工程中の微生物汚染を最小限にとどめる必要がある．又，通気性のあるケーシングを用いた場合には，加熱冷却後に微生物による再汚染と増殖が始まる可能性が高いので，ほとんどの場合，プラスチックフイルムで二次包装を行った後，製品表面の数ミリについてさらに再殺菌されることが多い．

4・7・3　肉色の変化と固定

動物の肉の色は動物の種類や部位によって差はあるが，だいたい鮮紅色か淡紅色をしており，この色は肉中に含有される色素タンパク質のミオグロビンにより発現するものである．

生肉を切断した直後のミオグロビンは，分子状酸素と結合していないため還元型ミオグロビンとして存在し，その色は多少暗い紫赤色を呈する．これを空気中に放置すると，空気中の酸素と結合しオキシミオグロビンとなり鮮赤色を呈し，さらに放置を続けると化学的酸化反応が起こり，ヘム鉄中の2価の鉄が3価の鉄に変わり褐色のメトミオグロビンとなる．一方，塩漬を行った肉では，発色剤として添加した硝酸塩と亜硝酸塩から，塩漬中に微生物の還元作用や死後の解糖作用により蓄積された乳酸のために一酸化窒素が生成され，この一酸化窒素が還元型ミオグロビンと結合し赤色のニトロソミオグロビンとなる．さらにこのニトロソミオグロビンは加熱されることによりニトロソヘモクロムに変化し，ハム・ソーセージ等の肉製品特有の桃赤色を呈するようになる（図4-7-3）．

4・8　水産加工品

4・8・1　水産物

水産加工品の原料となる海洋生物は，魚類をはじめ，イカ，タコ等の軟体類，エビ，カニ等の甲殻類，そのほかウニ，ナマコ，クラゲ，ホヤ等が含まれる．魚介類は水分を除いた主成分は，タンパク質が約15～20%と比較的一定しているが，特に脂質は約0.5～10%で魚種，季節，年齢，天然物か養殖物により，又同一個体内でも部位により大きく変動する．近年健康への関心が高まり，わが国のみならず諸外国においても魚介類への注目が集まっており，消費者のニーズに対応した新しい加工食品の開発が進んでいる．

4・8・2　乾燥品

魚介類の乾製品は，乾燥の前処理法や乾燥法の違いにより，素干し品，塩干し品，煮干し品，凍乾品，焙乾品，焼き干し品及び燻製品に大別される（表4-8-1）．乾燥法は，天日乾燥法や熱風乾燥法によるのが普通である．

4・8・3　塩蔵品

食塩を用いて食品を貯蔵する方法を塩蔵というが，魚介類の塩蔵法には撒塩漬け，立塩漬け及び改良漬けがある（表4-8-2）．

撒塩漬け（振塩漬け）：魚体に固形の食塩を直接振りかけて塩蔵する方法で，魚肉の脱水効率が高いこと，処理が単純であり容易にできる利点がある．

立塩漬け：魚体を食塩水に浸漬し塩蔵する方法をさす．食塩の浸透が均一で，魚体の酸化が起こりにくいこと及び過度の脱水がなく製品の外観や風味がよい等の利点をもつが，大きな容器や多量の食塩を要することならびにその管理に負担が大きい等の欠点もある．

改良漬け：撒塩漬けと立塩漬けを組み合わせた塩蔵法であり，特徴として食塩の浸透が均一となり，塩漬け初期に魚体の変敗がなく，脂質の酸化

表4-8-1　乾燥品の種類

種類	製法	例
素干し品	そのまま，又は水洗後乾燥したもの	するめ，干しだら，身欠きにしん，田作り，ふかひれ
塩干し品	塩漬けしたのち乾燥したもの	塩干しいわし，塩干しあじ，塩干しさんま，くさや，開きだら，抄き身だら，からすみ
煮干し品	煮熟したのち乾燥したもの	煮干しいわし，しらす干し，干しえび，煮干し貝柱，干しあわび，干しなまこ，堆翅（たいし）
焼き干し品	炭火で焼いて乾燥したもの	トビウオ，アナゴ，キス，タイ，アユ，ハゼ，ワカサギ，フナ
調味乾燥品	調味したのち乾燥したもの	塩引き鮭，酒びたし，薬膳干し
魚介せんべい	小麦粉，片栗粉，卵，調味料をを合わせた種を焼いたもの	姿焼き，薄焼き，堅焼き，えびせんべい，魚せんべい，ちりんとう

表4-8-2　塩蔵品の種類

種類	製法
さけ・ます塩蔵品	シロザケ，カラフトマス，サクラマス，ベニザケ，ギンザケを処理後，食塩をふり，合塩をしながら箱詰めしたもの
たら塩蔵品	魚体処理後，撒塩漬け又は立塩漬けしたもの
アンチョビー	カタクチイワシを飽和食塩水で立塩漬け後，頭部，内臓を除去し，魚体重量の15～20%の食塩をふりながら樽漬け，熟成したもの
塩くらげ	エチゼンクラゲやビゼンクラゲをミョウバンとともに塩蔵したもの

も抑制され，製品の外観がいい．

4・8・4　佃煮

水産物を用いた佃煮は，小魚，貝類，エビ類，昆布等の魚介藻類を醤油，砂糖，水飴等の濃厚な調味料で長時間煮込んだ製品で，調味料の種類，配合割合の違い等により，佃煮，しぐれ煮，あめ煮，甘露煮等に分類される（表4-8-3）．水分含有量が少なく糖度が高いため，長期保存が可能な加工品の一つである．佃煮は，江戸時代に隅田川河口佃島（現在の中央区）の漁師が湾内で採った小魚類を塩で煮て自家保存食としたものが起源とされ，その後醤油と砂糖で煮詰められ「佃煮」の名で市販され，全国に普及したといわれる．

4・8・5　調味加工品

魚介藻類を濃い調味液に浸漬し乾燥したみりん干し類，煮熟，乾燥，焙焼，圧搾，冷却等の加工処理を組み合わせて作った佃煮類，魚味噌等保存性の高い食品が主要なものである（表4-8-4）．

4・8・6　かまぼこ

魚肉（スケソウダラ，サメ，グチ，エソ，カジキ等）に2～3%の食塩を加えて，すり潰して肉糊にして，加熱凝固させて作るゼリー様食品の総称である．わが国では，「かまぼこ」として親しまれており，中国の「魚圓（魚のすり身団子）」や北欧の「フィッシュボール」も同様である．練り製品は潰しもののもつ強味で，魚の種類や大小を問わず広い範囲の魚を原料として使用できること，自由に調味できること，どんな素材でも配合できること，外観，香味，テクスチャーが魚離れしていること，そのまま食すことができること，他の水産加工食品にはみられない特徴をもつ水産食品である．練り製品の基本的な製造法は，魚を調理して精肉を採取，食塩，調味料，副原料を加えて擂潰（らいかい），所定の形に成形，加熱してゲル化，冷却後包装する5工程からなるが，一般的には精肉を採取した後，冷水にて肉を水晒しする工程が入る．水晒しは，臭気成分，脂肪，汚物を取り除くだけではなく，色を白くし，足（弾力に富んだテクスチャー）を強くすることを目的とし

表4-8-3　佃煮の種類

種類	製法	例
佃煮	醤油，砂糖等の調味料で煮熟したもの	あさり煮，こんぶ煮，こうなご煮，くぎ煮，儀助煮，こいの甘煮
甘露煮	醤油，砂糖，水飴を用いて甘口に煮熟したもの	ハゼ，アユ，ニジマス，ヤマメ，シラウオ，フナ，ワカサギの甘露煮
しぐれ煮	溜まり醤油と水飴を用いて煮熟したもの	しぐれはまぐり，赤貝のしぐれ煮
角煮	砂糖，醤油，水飴，寒天等の調味液に生姜を加えて煮熟したもの	カツオ，マグロの角煮

表4-8-4　調味加工品の種類

種類	製法
調味乾燥品	イワシ，サンマ，アジ，サヨリ，キス，フグ，カレイ，タイ，カワハギ，エビ等をみりん，砂糖，水飴，食塩等の調味液で調味し，乾燥させたもの
調味焙焼品	原料を焙焼した後，醤油，みりん，酒等の調味液で調味し，乾燥させたもの 塩焼き（焼鯛，焼サバ），素焼き（ウナギの白焼，焼キス，焼ハゼ，カツオのたたき），調味焙焼品（ウナギの蒲焼，焼アナゴ），蒸し焼き（鯛の浜焼，ウニの貝焼）
蒸煮品	原料を茹でることにより，生より長期保存可能にしたもの （煮タコ，茹でホタルイカ，茹でカニ，むきシャコ）
魚介味噌	魚介類を原料として作られる味噌様の発酵食品（魚肉みそ，鮒味噌，かにみそ）
調味煮熟品	ソフト裂きいか，サケフレーク，フカヒレ加工品，ソフトとば，カツオ調味加工品，イカしゅうまい，カキ飯，イカ射込煮

て，足の形成を阻害する水溶性タンパク質を除去する．より弾力のある練り製品を製造するためには，原料魚の種類も重要である．弾力のある練り製品を作る魚種としては，エソ，トビウオ，グチ，ヒラメ，クロカワ等があるが，一方，マイワシ，ウルメイワシ，サンマ，サバ，カツオ等は足を形成しにくい．又，「坐り」と呼ばれるアクトミオシン分子間における疎水結合やS-S結合を生成させ，3次元的網目構造を補強する工程も大切である．さらに，微生物起源のトランスグルタミナーゼを添加することにより，分子間架橋の生成を促す試みも行われる．練り製品を製造する場合，冷凍すり身と呼ばれる原料魚肉を使用する場合が多く，これは水晒しした魚肉落とし身にショ糖，ソルビット，グルコース等の糖類を添加して耐凍性を付与し，擂潰したのち凍結したものである．食塩を加えないで作る無塩すり身と，食塩を約2.5%加えて塩ずりして作る加塩すり身の2種類がある．練り製品は配合素材の種類が多く，成形が自由であり，あらゆる加熱法を駆使できるので非常に種類が多い（表4-8-5）．

近年，冷凍すり身の価格の高騰にあわせて，副原料価格の高騰や物流コストの上昇により，練り製品の消費量が減少している．

4・8・7　燻製

燻材として，ブナ，ミズナラ，クヌギ，カシ，シラカバ，リンゴ，ヒッコリー等の広葉樹を用いる．燻材を不完全燃焼させ，魚介類や獣鳥肉をおいて乾燥（燻乾）させて製造する（表4-8-6）．燻製品の製造は，調理，塩漬け，塩抜き，水切り，燻乾，仕上げ等の工程があるが，燻煙室の温度により，冷燻法，温燻法及び熱燻法がある．

表4-8-5　かまぼこの種類

種類	製法	例
蒸し蒲鉾	塩ずりしたすり身を蒸したもの	蒸し板蒲鉾，えそ蒲鉾，す巻き蒲鉾，昆布巻き蒲鉾
焼き蒲鉾	塩ずりしたすり身を蒸しと焼きを併用して製造したもの	焼き板蒲鉾，焼き抜き蒲鉾，笹かまぼこ，なんば焼，伊達巻，厚焼，梅焼
竹輪	塩ずりしたすり身をしの竹の棒につけて焙焼したもの	豊橋ちくわ，野焼，牡丹竹輪，竹付き竹輪，日奈久竹輪，豆腐竹輪
揚げ蒲鉾	棒状，板状，球状に成形した塩ずり身を油揚したもの	揚げ蒲鉾，薩摩揚げ，じゃこ天ぷら，飫肥天，フィッシュかつ
茹で蒲鉾	塩ずり身を木型や簀で成形し茹でたもの	浮きはんぺん，黒はんぺん，しんじょ，なると巻き，つみれ，すじ蒲鉾，魚そうめん
風味蒲鉾	カニ肉に，形状，色調，香味を似せたかまぼこ	かに風味蒲鉾
包装蒲鉾	魚肉に油脂や洋風香辛料を添加したものや，塩ずり身をフィルムで包装しリテーナ（金型）に入れ加熱したもの	魚肉ソーセージ，リテーナ成型蒲鉾

表4-8-6　燻製の種類

種類	製品
サケ・マス燻製	ベニザケ，シロザケ，サクラマス，マスノスケ，ギンザケを用いる．ラウンド（全形），無頭燻製品，棒燻（背肉燻製品），フィレー温燻品
イカ・タコ・フグ・スケソウダラ・タイ	原料を砂糖，食塩，風味調味料，グルタミン酸ナトリウム等で調味し，温燻品としたもの
あまご燻製	原料を塩漬け後，脱塩し，風乾，燻煙したもの
くじらベーコン	畝須を香辛料及び調味料を加えた食塩水に浸漬・煮熟後，赤色色素で着色し燻乾したもの
貝柱燻製	ホタテガイやタイラギの貝柱を煮熟，乾燥，燻乾したもの

4・8・8　水産漬物

魚介類を塩蔵，脱水後，米飯や糠，酒粕に漬け込み，自己消化させながら熟成調味する製品の総称である．材料の自然発酵による生成物により，貯蔵性と特有の風味が付与されるなれずしや糠漬けと，材料のもつ風味を原料魚に浸透させて調味する味噌漬け，粕漬け，酢漬け，醤油漬け等がある（表4-8-7）．

4・8・9　塩辛類

魚介類の筋肉，内臓に食塩を加えて腐敗を抑制しながら内在する自己消化酵素ならびに微生物由来酵素の作用を用いて原料を消化させ，特有の味付けしたあん醤品の一つである．塩辛には次のようなものがある．

1）いか塩辛

原料はスルメイカを用いて赤作り，白作り及び黒作りがある．

赤作り：表皮のついたままのイカ肉10尾に対して3～5尾分の肝臓内容物を加え，肉量の10～20%になるよう食塩を加えて混ぜ，2～3週間熟成させる．

白作り：表皮を除去したイカ肉を細切し，3%程度の肝臓内容物と17～18%程度の食塩を加えて作る．

黒作り：細切したイカ胴肉に10～15%食塩，肝臓6～8%（10尾につき3～4尾分の肝臓），さらにすり潰した墨汁嚢を約3%程度加えて作る．

その他の塩辛を示す（表4-8-8）．

4・8・10　缶詰

缶詰は，食品をブリキ製の缶に詰めて，密封

表4-8-7　水産漬物の種類

種類	製法	例
なれずし	塩漬けした原料を長期間米飯に漬け込み，乳酸発酵により酸味をつけたすし	ふなずし，はたはたずし，おいかわずし，いずし，さばずし，さば姿ずし
麹漬け	麹と原料を混合し熟成させたもの	かぶらずし，能登きりこえびの糀漬け
糠漬け	原料を糠と米糠に漬け込んで熟成させたもの	いわし糠漬け，ふぐ肉・卵巣糠漬け，さばへしこ
酢漬け	製造工程に酢洗い，酢じめ，酢漬け工程があるもので発酵効果を期待しないもの	しめさば，いわしの卯の花漬け，小鯛ささ漬け，ますずし，ままかり酢漬け
粕漬け	原料魚を塩蔵した後，酒粕に漬けたもの	アユ，メヌケ，アワビ，ホタテ，タラ，フグ，アマダイ，サワラ，カジキの粕漬け
味噌漬け	味噌を主として，みりん，酒，砂糖を混合し，粘度を調整し，切り身を漬け込んだもの	カジキ，マグロ，サワラ，ブリ，クルマエビの味噌漬け
醤油漬け	醤油を主体とした調味液に漬け込んだもの	松前漬け，ほたるいか醤油漬け

表4-8-8　塩辛の種類

種類	製法	例
いか塩辛	表皮のついたまま肝臓内容物と食塩を混合し，熟成したもの	いか赤作り
	表皮を除去した肉を細切し，肝臓内容物と食塩を混合し，熟成したもの	いか白作り
	細切した肉に食塩，肝臓，墨を混合し，熟成したもの	いか黒作り
うに塩辛	生殖腺を塩と混ぜ合わせたもの，又は，アルコールを添加したもの	粒うに，練りうに
うるか	アユを原料魚として，卵巣，精巣，内臓，又は頭と鰭を除去した魚体を切断して漬け込んだもの	子うるか，白うるか，苦うるか，切込みうるか
このわた	内臓の消化管を塩蔵，熟成したもの	このわた
めふん	腎臓を洗浄後，塩蔵，熟成したもの	サケ・マス腎臓の塩辛
かつお塩辛	内臓を塩蔵，熟成したもの	酒盗

し，加熱殺菌したものである．缶詰の種類は，世界で約1,200種類，日本では約800種類があるといわれている（表4-8-9）．缶詰は，食品衛生法により，製造基準の中で加圧加熱殺菌法の条件として，食品中に存在し，発育しうる微生物を死滅させるのに十分な効力を有する方法，そのpHは5.5を越え，水分活性が0.94を越える場合は，中心部の温度を120℃ 4分間加熱するか，同等以上の効力を有する方法により殺菌すると規定されている．A又はB型ボツリヌス菌の胞子の殺菌を基準に考慮されたものである．

4・8・11　レトルト食品

代表的なレトルト食品として，カレー，スープ，ミートソース，グラタンソース，マグロ油漬けパウチの業務用やアサリ水煮等がある．

4・8・12　節類

節とは単位のことで，魚の身を縦に4分したものの一つをいう．現在，代表的なものとして，カツオ節や雑節等がある（表4-8-10）．節は，本来保存食用に作られているが，スープ源，すなわち煮熟して煮汁をとり，調味加工の素材とすることもある．

4・8・13　海藻加工品

海藻類はその色調により緑藻類（アオノリ，アオサ等），褐藻類（コンブ，ワカメ，ヒジキ等），紅藻類（アマノリ，テングサ，オゴノリ等）に分類され，地球上には約8,000種が生息するといわれている．日本周辺海域には約1,500種の海藻が存在する．一方，淡水藻類としてスイゼンジノリがある．海藻類の主な加工方法は，細菌による変質や腐敗の防止のため，氷蔵，冷蔵，冷凍等低温保存や，水分を除去（乾燥），食塩処理（塩蔵）や防腐作用を有する成分を添加する方法，消費者の嗜好や調理の手間を省くために佃煮，菓子類に加工，調理する方法がある（表4-8-11）．

4・8・14　魚卵加工品

魚卵加工品は，魚の卵巣を塩蔵したものが多く，原料卵の鮮度が品質の良否を大きく左右する．

1）魚卵塩蔵品

サケ，マス卵を原料とする塩イクラや醤油漬けイクラ，筋子，スケソウダラ卵を原料とする塩蔵たらこや辛子めんたいこ，ニシン卵を用いる塩かずのこや調味かずのこ，ボラ卵を利用するからすみが主要な魚卵塩蔵品である．チョウザメの卵粒を塩漬けしたキャビアは，3大珍味の一つとして

表4-8-9　缶詰の種類

種類	製法	例
水煮	原料魚を生又は蒸煮後，少量の食塩か食塩水を添加	サバ，サケ，マス，イワシ，サンマ，マグロ，カツオ，カキ，アサリ，ホタテガイ貝柱，カニ，小エビ等．さば水煮缶詰，さけ・ます水煮缶詰，かに水煮缶詰
油漬	原料魚を蒸煮後，缶に詰め，食塩植物油を注入	カツオ，マグロ，サバ，イワシ，カキ，ホタテガイ貝柱
味付	醤油，原料魚をそのままか蒸煮後，缶に詰め，味噌，砂糖等調味液を注入	マグロフレーク，サバ，イワシ，サンマ，クジラ，赤貝
その他	燻製，蒲焼，照焼，焼肉等，調理済み魚介類他	カキ，アサリ，ホタテガイ貝柱燻製，イワシ，サンマ，ウナギ，焼肉缶詰，ひじき缶詰，いちご煮缶詰

表4-8-10　節類の種類

種類	製品
かつお節	カツオを調理後，煮熟，焙乾したもの．生節，裸節及びかび付けを行った本枯節
なまり節	カツオ，マグロの節を煮熟したもの，又は軽く焙乾して表面のみ乾燥させたもの
雑節	カツオ，マグロ類以外の小型魚類（イワシ類，アジ類，サバ類，ソウダガツオ類）を節に加工したもの
あご節	トビウオを節に加工したもの

珍重され，現在国内でもチョウザメの養殖が可能となり，キャビアが量産される日も近い．

2）魚卵塩辛

原料卵に食塩を混合し，木製の樽で半年以上重石をして塩蔵し，脱水，発酵させたのち，樽の中で熟成することにより旨味成分を作り出す製品である．

4・8・15　魚醤油・エキス製品

魚醤油とは，魚介類を高濃度の食塩とともに熟成してつくる発酵調味料である．

1）魚醤油（表4-8-12）

国内では，秋田県のしょっつる，四国のいかなご醤油，石川県能登のいしる等が有名である．諸外国では，ベトナムのニョクマム，フィリピンのパティス，タイのナンプラーがある．日常の食生活では，裏方の調味料として頻繁に利用されている．

2）エキス製品

エキスとは，魚から含窒素成分（遊離アミノ酸，オリゴペプチド，核酸関連物質，有機塩基）と無窒素成分（有機酸，糖）を濃縮したものである．オイスターソース，すっぽんスープ，アンチョビーソースがある．

4・8・16　冷凍食品

水産物の冷凍食品の種類は豊富であり，その製造工程も様々である．魚類のフィレーや切り身，貝・エビ類の生むき身等をはじめ，可食部を調味したり加熱して製造した調理冷凍食品が多い．これは，フライ類，てんぷら，揚げもの類，ハンバーグ類，しゅうまい，シチュー類，スープ・ソース類が主流である．

表4-8-11　海藻加工品の種類

種類	製品
わかめ加工品	わかめを干し簀上に板状に広げて乾燥させた「板わかめ」や「湯通し塩蔵わかめ」 わかめの成実葉（胞子葉）を加熱した「めかぶ加工品」
のり加工品	スサビノリやアマクサノリ等紅藻類の海藻を薄い板状に乾燥させた「乾し海苔」 乾し海苔に「火入れ」をした「焼き海苔」，乾し海苔に調味液を塗布し，乾燥させた「味付け海苔」
昆布加工品	酢漬けしたコンブの表面を薄く削りとった綿状の「おぼろ昆布」，コンブを乾燥，粉末化したものに調味料を加えた「昆布茶」
寒天加工品	テングサ，オゴノリ等の紅藻類に含まれる寒天質を煮熟抽出，脱水したゲル化剤 角寒天，細寒天
その他海藻製品	ツルアラメを刻み茹でたものを木枠に入れて板状に成形し，乾燥した「板あらめ」 素干しひじきを蒸煮，加熱後乾燥させた「干しひじき」，テングサ等の紅藻類から寒天質を熱水抽出し，冷却して固めた「ところてん」

表4-8-12　各種魚醤油と主原料

名称	原産国	主原料
しょっつる	日本（秋田）	ハタハタ等
いしり	日本（能登）	イカの内臓
いかなご醤油	日本（小豆島）	イカナゴ
かつおせんじ	日本（鹿児島）	カツオの煮汁
ナンプラー	タイ	カタクチイワシ
ニョクマム	ベトナム	雑魚
タクトレイ	カンボジア	雑魚
パティス	フィリピン	ムロアジ等
魚露（ユイロウ）	中国	雑魚
ガラム	イタリア	イワシ

4・9　発酵食品とアルコール飲料

4・9・1　発酵食品の特性

発酵食品とはカビや酵母，細菌等の微生物により食品成分の一部が分解し，糖類，アミノ酸，有機酸，アルコール等が生産され，食品の保存性の向上や風味・味の改質等が行われたものである．世界の様々な地域で製造されるが，日本では独自の発酵食品が古来から製造され，受け継がれている．原材料として穀類や豆類，発酵微生物は酵母，麹カビ，細菌（乳酸菌，酢酸菌，枯草菌等）が利用される．

4・9・2　発酵食品各論

1）納豆

糸引き納豆：原料大豆は，比較的小粒が好まれる．国産大豆はスズマル（北海道），ジズカ（北関東），コスズ（東北）やスズヒメ（北海道）等の品種があるが，生産量が少ないため，アメリカやブラジル，パラグアイ，中国等の外国産が多く利用されている．

製造法：納豆のスターターは分類学上，枯草菌（*Bacillus subtilis*）に属し，その胞子を蒸留水懸濁液又は凍結乾燥品にして市販される．製造方法を示す（図4-9-1）．

2）味噌

味噌は大豆，米又は麦，食塩，水を原料として麹菌（*Aspergillus oryzae*等）で発酵させた食品である．代表的な味噌を示す（表4-9-1）．

麹歩合は甘味噌では大きく，辛味噌では小さい．食塩含量の少ない味噌は甘口になり，熟成

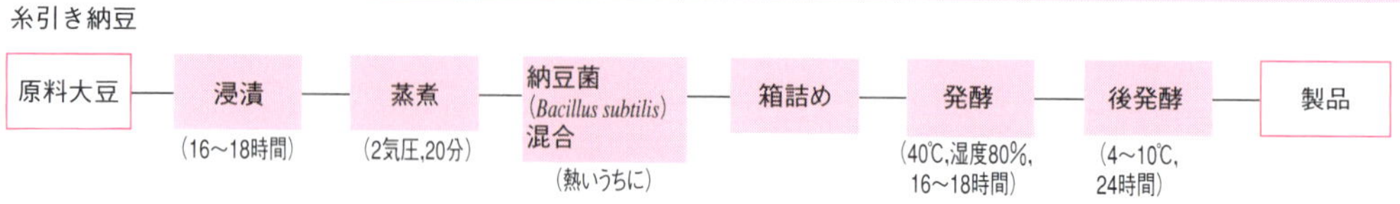

図4-9-1　糸引き納豆の製造方法

表4-9-1　味噌の分類

味噌	普通味噌	麹原料	米味噌	信州味噌，仙台味噌等
			麦味噌	田舎味噌
			豆味噌	八丁味噌
			調合味噌	上記味噌に属さない味噌
		塩味	甘味噌	京風白味噌，江戸味噌等
			辛味噌	信州味噌，仙台味噌等
		色調	白味噌	西京味噌，讃岐味噌等
			赤味噌	仙台味噌，八丁味噌等
			淡色味噌	信州味噌
		醸造方法	天然醸造味噌	
			速醸味噌	
	なめ味噌	醸造なめ味噌	金山寺味噌，比志保味噌	
		加工味噌	鯛味噌，ゆず味噌等	

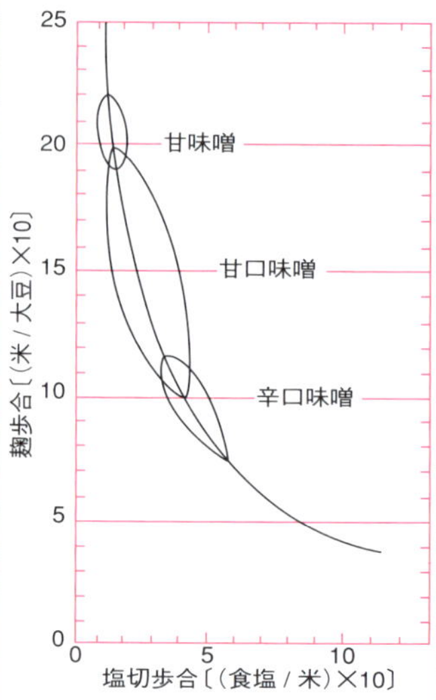

図4-9-2　米みそと麹歩合と塩切り歩合の関係

期間が短く，色調も白に近くなる．逆に食塩含量の高い味噌は熟成期間が長く色調も褐色になる傾向がある．原料の配合には麹歩合と塩切り歩合が重要である．それらは次式で表される．

麹歩合＝原料米重量／大豆重量×10

塩切り歩合＝食塩／大豆重量×10

味噌の原料配合の麹歩合と塩切り歩合の関係を示す（図4-9-2）．

味噌の製造法：製造法を示す（図4-9-3）．

a）原料

大豆：大豆は選別，洗浄後，浸漬し，高圧短時間蒸煮する．煮る場合は，白く，柔らかく仕上がるが，10〜20%の固形分の損失する．

米：うるち米を搗精（とうせい）し，蒸煮したものが用いられる．

種麹：アミラーゼやプロテアーゼ活性の強い*Aspergillus oryzae*の成熟胞子を用いる．

b）製造法

製麹：種麹を蒸米に接種して，製麹機で品温，湿度，通気量等を調節し，麹菌を生育させて麹を作る（出麹）．仕込みに使用する食塩量の30%を混合して塩切り麹とする．

仕込み：蒸煮大豆をチョッパーで砕き，塩切り麹，食塩，種水に種味噌や乳酸菌と酵母を加え，発酵タンクに詰める．

発酵・熟成：天然醸造法は発酵中の温度を制御せず，加温速醸法（温醸）は温度を有用微生物の生育適温である30℃前後に調節し，短期間で発酵する．発酵中は微生物の成育や成分，品温の均一化のため，切り返しを行う．発酵開始後，*Micrococcus*等の細菌，非耐塩性の酵母等は淘汰され，*Tetragenococcus halophilus*等の耐塩性乳酸菌が増殖し，生産される乳酸等によりpHが低下する．次に，耐塩性酵母の*Zygosaccharomyces rouxii*等が増殖するが，この酵母は主発酵酵母と呼ばれ，エタノールや有機酸等の香気成分を生成し，原料臭の除去を行う．発酵がさらに進むと耐塩性の*Candida*属に属する酵母が増殖し，味噌らしい香気成分を生成する．

発酵期間は味噌により異なり，白甘味噌は20〜30日，赤味噌では数カ月である．

製品：原料大豆が粒状に残った粒味噌とペースト状にしたこし味噌があり，保存料としてエタノールやソルビン酸カリウムを加え，加熱処理して充填する．これは酵母によるガス発生を抑えるためである．

3）醤油

醤油はJAS法では濃口醤油，薄口醤油，溜醤油，再仕込醤油，白醤油に分類される（表4-9-2，104頁）．又，タンパク質を酵素分解したアミノ酸醤油，新式醤油等もある．醤油の約90%は濃口醤油である．

代表的な濃口醤油で説明をする．

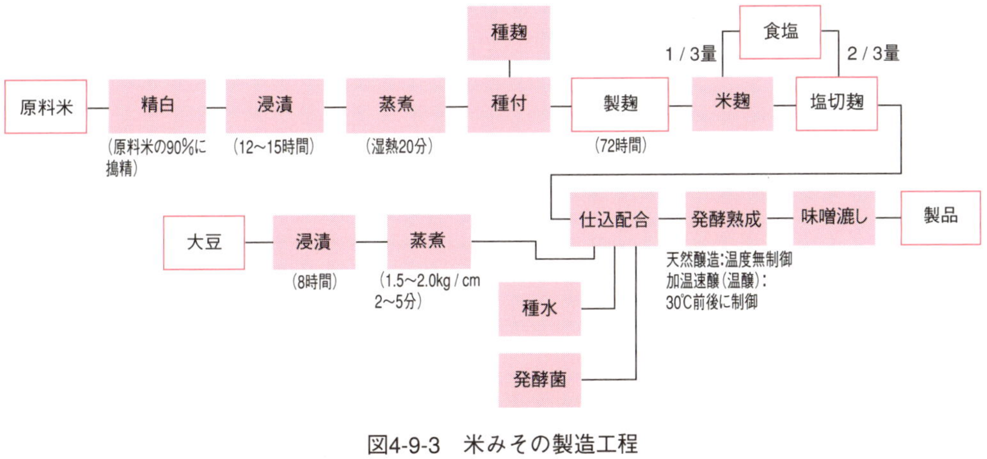

図4-9-3　米みその製造工程

a）原料とその処理

脱脂大豆（丸大豆）：丸大豆は浸漬後，脱脂大豆は撒湯後，高温短時間蒸煮法により蒸煮を行う．

小麦：炒(しゃ)ごう後，粗く割砕し，冷却する．

食塩水：ボーメ度を19（塩濃度22～23％）に調整したものを用いる．

種麹：*Aspergillus oryzae*や*Aspergillus sojae*を破米や小麦，小麦ふすま等で胞子形成させたものを利用する．

b）製造法

製麹：蒸煮大豆と混合して（大豆：小麦＝1：1）製麹する．なお，この際0.1～0.3％の種麹を散布する．製麹の際に発酵熱により温度が上昇するので時々攪拌して放熱し，湿度も適度に調節する．3日程度発酵して出麹とする．

仕込み・発酵・熟成：出麹に冷却（5℃程度）した食塩水を加え，仕込む（諸味）．攪拌を適時行い，発酵・熟成を進行させる．発酵中には原料が類似する味噌と同じように耐塩性の酵母（*Zygosaccharomyces rouxii*）や乳酸菌（*Tetragenococcus halophilus*）が増殖し，独特の風味が形成される．又，この期間にアミノ・カルボニル反応や酵素作用により褐変化が進行する．

圧搾・火入れ・滓(おり)引き：約6カ月発酵後，熟成された諸味をナイロンの布袋に入れて積み重ねて圧搾する．ここで得られた醤油は生揚(きあげ)醤油と呼ばれ，数日間静地しておりを除き，生(なま)醤油とする．次に，火入れと呼ばれる加熱処理（80～85℃で10～30分又は110～130℃で数秒～数十秒）を行い，これにより殺菌，酵素失活，火香（醤油らしい香り）と色沢の付与が行われる．その後，滓引きして容器に充填する．

4）食酢

糖類を含む原料に酵母や酢酸菌（*Acetobecter aceti*，*A. pasteurianus*等）等を働かせて作る調味料である．食酢品質表示基準では醸造により作る醸造酢と酢酸，糖類，酸味料を主とする合成酢に分かれ，さらに前者は穀物酢や果実酢に分かれる．

a）製造法

酢酸菌と種酢：優良な酢酸菌は酢の生産量が多く，生産速度が速く，芳香物質を生産し，さらに生産された酢酸を分解しないもので上述2種が代表種である．2種類以上の菌株を混合して用いたり，前回の発酵でより優れた結果を出したもろみを種酢として用いる場合もある．

b）原料

デンプン原料と糖質原料に大別されるが，前者の原料として米，白ぬか，α化米，トウモロコシ粉，タピオカデンプン，サツマイモデンプンが，麦芽酢の原料として乾燥麦芽が用いられる．又，後者では粕酢の原料として酒粕が，果実酢の原料としてブドウ，リンゴ，カキ等が用いられる．

c-1）表面発酵

仕込液の表面が広くなるように浅い発酵槽を用いる．アルコール濃度約5％の原料に酸度約5％の種酢を混合する．仕込後，液面に薄い菌膜が張り，30℃で1～2カ月発酵させる．その後，1日に1～2回の割合で攪拌しながら2～3カ月熟成

表4-9-2　醤油の分類

種類	原料	全窒素	色度（醤油標準色）	無塩可溶性固形分*	食塩濃度**
濃口醤油	大豆，脱脂大豆，小麦	1.5～1.6％	18番未満	16％	16～17％
淡口醤油	大豆，脱脂大豆，小麦	1.2％	18番以上	14％以上	18～19％
溜醤油	大豆，脱脂大豆	1.8～2.2％	18番未満	16％以上	17％
再仕込醤油	脱脂大豆，小麦，生醤油	2.1％	18番未満	21％	13％
白醤油	少量の大豆，小麦	0.4％以上 0.6％未満	46番未満	15％以上 （12％以上）	18％

*：特級品の品質基準，**：食品成分表のナトリウム量をNaClとして換算

後，ろ過，加熱殺菌，調整後，出荷される．

c-2）全面発酵

原料に種菌を接種後，空気を送りながら激しく攪拌することで，酸化発酵を激しく行う方法である．48時間で酸度10～15%の食酢を製造することができる．しかし，味やコク，呈味性では表面発酵に劣る．

4・9・3　アルコール飲料の製造の概要

わが国の酒税法では，酒はアルコール分1度以上の飲料と定義されている．一般にアルコール飲料は大きく製造法の違いにより清酒，ワイン，ビール等の醸造酒と，醸造酒をさらに蒸留して製造しウィスキーやブランデー，焼酎等の蒸留酒と醸造酒や蒸留酒に他のものを加えて製造したリキュール，梅酒，みりん等の混成酒に分かれる（表4-9-3）．しかし，酒税法上ではビールや発泡酒等は発泡性酒類として他とは独立したグループとして分類される（表4-9-4）．

4・9・4　アルコール各論

1）醸造酒

果汁等，発酵性の糖を多く含む原料は糖化の必要はなく，酵母により直接発酵して「エタノールを生産することができる．このように糖化工程がない発酵法は単発酵式と呼ばれる．一方，ビールや清酒等デンプン質原料からエタノールを生産する場合には，デンプンを麹菌や麦芽のアミラーゼ等により糖化する必要があり，この様な工程を含む発酵法を複発酵式と呼ぶ．又，ビール等は麦芽によるデンプンの糖化後，酵母によるアルコールを生産させるという一連の流れで発酵する単行発酵式で，清酒等は麹カビのアミラーゼによる糖化と酵母によるエタノール生成を同時に行う並行発酵式で行われる．なお，並行発酵式ではエタノールの生産が効率よく行われ，発酵後のエタノール濃度は約20%程度となる．

2）清酒

製造法は米を精米後，麹菌でデンプンを糖化，清酒酵母によりアルコール発酵をした後に，ろ過，火入れをしたものである．

表4-9-3　製造法によるアルコール飲料の分類

発酵法	単発酵式	果実酒（ワイン，リンゴ酒）等	
	複発酵法	単行発酵式	ビール，発泡酒
		並行発酵式	清酒
蒸留法	焼酎，ウィスキー，ウォッカ，ブランデー等		
混成法	リキュール，梅酒，味醂等		

表4-9-4　酒税法に基づくアルコール飲料の分類

分類	品目区分
発泡性酒類	①ビール
	②発泡酒
	③その他発泡性酒類
醸造酒類	①清酒
	②果実酒
	③その他の醸造酒
蒸留酒類	①連続式蒸留焼酎
	②単式蒸留焼酎
	③ウイスキー
	④ブランデー
	⑤原料用アルコール
	⑥スピリッツ
混成酒類	①合成清酒
	②みりん
	③甘味果実酒
	④リキュール
	⑤粉末酒
	⑥雑酒

製麹：蒸米に種麹として*Aspergillus oryzae*を接種し，2日ほどかけて麹を造る．

酒母：発酵のスターターとして蒸米，麹と水に酵母を加えた酛を造る．これを酒母と呼ぶ．

醪・発酵：酒母に蒸米，麹，水を混合してさらに発酵するが，この混合を順次行い，計3回繰り返す（3段仕込み）．

圧搾・火入れ：発酵後，藪田式圧搾機等により圧搾（上槽）し，静置して沈殿物を除き（滓引き），60〜65℃で15分程度加熱殺菌を行う（火入れ）．

調整：加水，アルコール添加等の調整を行い，充填，出荷する（アルコール濃度は16%程度）．

清酒には純米酒と本醸造があるが，前者は原料を白米と米麹，水のみを使うが，後者はこれにアルコールを白米100kg当たり12L以下の範囲で添加し，酒質を整えたものである．又，清酒には大吟醸，吟醸酒とあるが，これらは米の精米歩合の違いであり，前者は50%以下，後者は60%以下である．

3）ワイン

赤ワインの製造工程を示す．

原料：完熟した黒系ブドウを原料とし，香味を悪くする果梗は除去し，果皮や果肉，種子，果汁を一緒に仕込み発酵させる．

発酵：ワイン酵母（*Saccharomyces cerevisiae*）が利用され，有害菌の汚染防止と酸化防止のためにメタ重亜硫酸カリウムを加える．7〜10日ほどで発酵が終了する．その後圧搾し，13〜15℃で後発酵を行う．

熟成；滓引き後，樽で熟成を行い，充填後，出荷される．

一方，白ワインは果皮が黄又は緑色のブドウを原料とし，果皮及び種子を圧搾して除去し，果汁を得る．この果汁を発酵して造るワインで，色調は淡黄色から黄金色である．酒質は苦みや渋味が少なく，リンゴ酸等の有機酸の酸味が感じられる．甘味は辛口から甘口まで多様である．

シャンパン：フランスのシャンパーニュ地方で造られる発泡性のぶどう酒で，白ぶどう酒に糖と酵母を加えて，耐圧瓶に充填後，低温で発酵を行う．その後，酵母を瓶の口に集めて凍結除去後，貯蔵・熟成したものである．

シェリー酒：スペインのヘレス地方のアルコール濃度18%程度のぶどう酒で，乾燥して糖濃度を高めたぶどうを発酵し，ブランデーを添加，貯蔵・熟成する．この熟成期間にシェリー酵母がシェリー香と呼ばれる独特の芳香を付与する．

4）発泡性酒類

ビール：ビールは黄金色〜黒色で麦の焙煎やホップによる苦みや香りを有する発泡性の飲料でアルコール濃度は2〜5%ある．

ビールの製造法を示す．

麦汁の調整：発芽した大麦に水を加え，糖化後ろ過し，ホップを加えて煮沸後麦汁を得る．

主発酵：麦汁に酵母を加え，6〜8℃の低温で10日程発酵を行う．

後発酵：0℃付近で2〜3カ月貯蔵する．この過程で香味が円熟していく．

殺菌・充填：膜フィルター等でろ過（及び加熱殺菌）後，充填，出荷される．

5）蒸留酒

穀類や果実等を原料に発酵後，蒸留して熟成したもので，アルコール濃度は20〜70%で，エキス分は少なく，原料特有の芳香や風味をもつアルコール飲料である．

ウィスキー：原料によってモルトウィスキーとグレーンウィスキーに分けられる．モルトウィスキーは大麦から麦芽を作り，乾燥させる時にピートを燃やし泥炭特有の煙香をつける．発酵後は単式蒸留機で蒸留し，中留部分を分取したもので，スコッチウィスキーがその代表である．一方，グレーンウィスキーはトウモロコシを麦芽で糖化し，発酵後，連続式蒸留機で蒸留したものである．アメリカのバーボンウィスキーが代表的なものである．

ブランデー：果実発酵酒を蒸留したアルコール濃度40〜50%のアルコール飲料の総称．白ワインと同様の作り方をするが，発酵後は単式蒸留機で2回蒸留し，樫やナラの樽で5年以上熟成させ，充填，製品化する．フランスのコニャック地方のブランデーは“コニャック”と呼ばれ，品質がよいブランデーの代表格である．

6）混成酒

醸造酒や蒸留酒，アルコールに他の成分を入れて，味，風味等を特徴付けしたものである．キュラソー，ペパーミント，アブサン等のリキュール類，合成清酒，梅酒，みりん，果実を焼酎等に漬けた果実酒等がここに分類される．

リキュール：醸造酒や蒸留酒に糖類や柑橘類や香料植物等を混合し，エキス分が2%以上のアルコール飲料．代表的なものにキュラソーやアブサン，ペパーミント等がある．第3のビールの一部はこのカテゴリーに入る．

梅酒：梅に焼酎やブランデーと氷砂糖を加えて，熟成させる．熟成初期では溶液中の浸透圧が低いので，梅内部に液が浸透し，その後，氷砂糖が溶け，液中の浸透圧が上がると，梅からエキス分が溶出し，液に梅の味や風味が含まれるようになる．

7）アルコールの他製品への利用

アルコールは酒類工業だけでなく，化粧品や香料，医薬品や食酢等の製造で幅広く使用される．製造原理は様々な方法で糖化された原料を酵母により発酵し，得られたエタノールを含む溶液を蒸留して得る．現在，エタノールは車の燃料としても利用されるが，この原料にトウモロコシ等が使われ，食品原料の高騰につながっている．

＜コラム＞ビール風アルコール飲料

近年，日本の酒税区分を考慮し，より低い税区分に属することで消費者に安く提供するビール風アルコール飲料がある．発泡酒は麦芽使用率をビールの基準である67%以下としたものであり，又，第3のビールと呼ばれるものは原料に麦芽以外のものを使用し，税制上，その他の雑種に区分されたもの，発泡酒に蒸留酒を加え，リキュール類に属するもの等がある．

＜コラム＞ホワイトビール

世界的には下面発酵のピルスナータイプが多いが，イギリス等で醸造される上面発酵のエールタイプや焙煎度合いを強くして褐色を強めたミュンヘンビール等がある．又，原料に小麦を用いて製品の白色度がより強いホワイトビールというものもある．

4・10　甘味料・調味料

4・10・1　甘味料

甘味料には糖質系天然甘味料，非糖質系天然甘味料，人工甘味料（合成甘味料）がある．

近年は新しい砂糖の代替品としての甘味料，虫歯予防，低カロリーあるいはノンカロリー甘味料が開発されている．

糖質系天然甘味料（天然糖として取り扱われているもの）：甘味を有する甘蔗（砂糖きび），甜菜（ビート，砂糖大根），楓等から搾汁又は抽出し，これを精製，濃縮し，結晶化あるいは液化したもの．甘味を有しなくても，酵素分解・酸分解によって甘味製品となるもの．

非糖質系天然甘味料：甘草の根に含まれるグリチルリチン，甘茶のフィロズルチン，ステビアの葉の成分・ステビオサイド等．

合成甘味料（純化学合成物）：アスパルテーム，サッカリン等．

1）砂糖の特性

砂糖はα-グルコース（ブドウ糖）とβ-フルクトース（果糖）が結合したショ糖が主成分の甘味料である．ショ糖は多くの植物に存在し，ブドウ糖，果糖共に果実の甘味を形成しており，特に甘蔗，甜菜に多く含まれ，工業的にはこれらから製造される．消化吸収がよく，3.87 kcal/g（16.19 k J/g）のエネルギーがある．還元基同士が結合しているため還元性がなく，酸性の状態では加水分解しやすいが，熱に対して安定である．糖質系天然甘味料は表4-10-1のように分類される．

耕地白糖：生産地で甘蔗汁又は甜菜汁から直接精製糖に仕上げたもの．

双目糖（ざらめとう）：精製糖の中で最も純度が高く，結晶はグラニュー糖が最も小さく，双目が最も大きい．車糖は水分のやや多い結晶の小さい精製糖である．最も純度が高いのが上白糖，最も低いのが淡褐色を示す三温糖で，いずれも調理用である．

加工糖：結晶糖を加工したもの．グラニュー糖を固めたものが角砂糖，粉砕したものが粉糖である．氷砂糖は大きなショ糖の結晶をつくってから砕いたもので，これにカラメルを加えたのがコーヒーシュガーである．顆粒糖は細かい結晶に湿気を与え，造粒機にかけ，粒子を多孔質に結着させ乾燥したもので，低温でもよく溶ける．

表4-10-1　天然甘味料

名称		分類	
砂糖（ショ糖）（甘味度 1.0）	分蜜糖	耕地白糖	
		原料糖　精製糖（粗糖）	双目糖（双目，中双目，グラニュー糖）
			車糖（上白糖，中白糖，三温糖）
			加工糖（角砂糖，氷砂糖，粉砂糖，顆粒状糖）
	含蜜糖		黒砂糖，赤糖，白下糖
ブドウ糖（甘味度 0.65～0.75）		結晶糖（無水，含水，結晶，無定型精製）	
		液糖（液糖，異性化型，混和液糖）	
		水あめ	
果糖（甘味度 1.25～1.75）		結晶糖	
		液糖	
麦芽糖		結晶糖	
		液糖	
		水あめ，ブドウ糖水あめ，麦芽糖＋ブドウ糖	
木糖		キシロース（甘味度 0.45～0.65）	
その他		蜂蜜，楓糖（メープルシュガー）	

2）利用法

砂糖は，甘味料としての利用以外にも，腐敗防止，パンや焼菓子等の焼き色の形成，氷菓子の氷点降下，食品の保水性の保持，又，果実中のペクチンを有機酸とともにゼリー化する等，食品加工に大きな役割を果たしている．

食品加工における甘味料利用の目的と要求される性質は非常に多様化している．①甘みの強さ，②甘みの質や風味，③他の成分との調和，すなわち風味保存性，④保水性，⑤粘性，⑥アミノ・カルボニル反応特性，⑦発酵性又は非発酵性，⑧浸透圧の利用，⑨凍結点降下力，さらに健康食品的性質として，⑩口腔内細菌の働きを抑える，⑪虫歯の原因となる不溶性グルカンを合成する酵素への阻害性，⑫腸粘膜微繊毛酵素によるブドウ糖への分解性，すなわちカロリー化，⑬ビフィズス菌等大腸内細菌による消化性，すなわち有用細菌に利用され，有害細菌が利用できないこと等である．

3）天然甘味料の製造法

a）甘蔗糖

甘蔗糖の製造工程を示す（図4-10-1）．

甘蔗の茎を細片し，ロール式圧搾機や連続式浸出機で搾汁して，粗汁と搾り粕（バガス）に分ける．粗汁は清澄工程で，粗汁中に含まれる不純物が除去される．耕地白糖工場では，炭酸法又は亜硫酸法が利用されているが，原料糖工場では石灰清浄法が用いられる．清澄された糖液は，多重効用缶で濃縮して，Bx55～77°のシラップとする．シラップを真空結晶缶でさらに濃縮し，ショ糖を晶出させる．この操作を煎糖という．結晶缶でできた結晶（白下）を分蜜機で一番糖（砂糖）と一番蜜（糖蜜）に分ける．煎糖を繰り返し行い，一番糖と二番糖は洗浄（洗糖）して原料糖（粗糖）とする．三番糖は最初の煎糖の際の種結晶として用いられ，三番蜜は廃糖蜜となる．廃糖蜜はアルコール発酵やアミノ酸発酵の原料等に利用される．

b）精製糖

わが国の製糖工場では，主に甘蔗糖を原料糖とし，溶解，洗浄，脱色後煎糖して精製糖にする（図4-10-1）

原料糖は不純物を含むため，Bx75～80°の熱糖液と温水で洗う．これを遠心分離して洗糖蜜

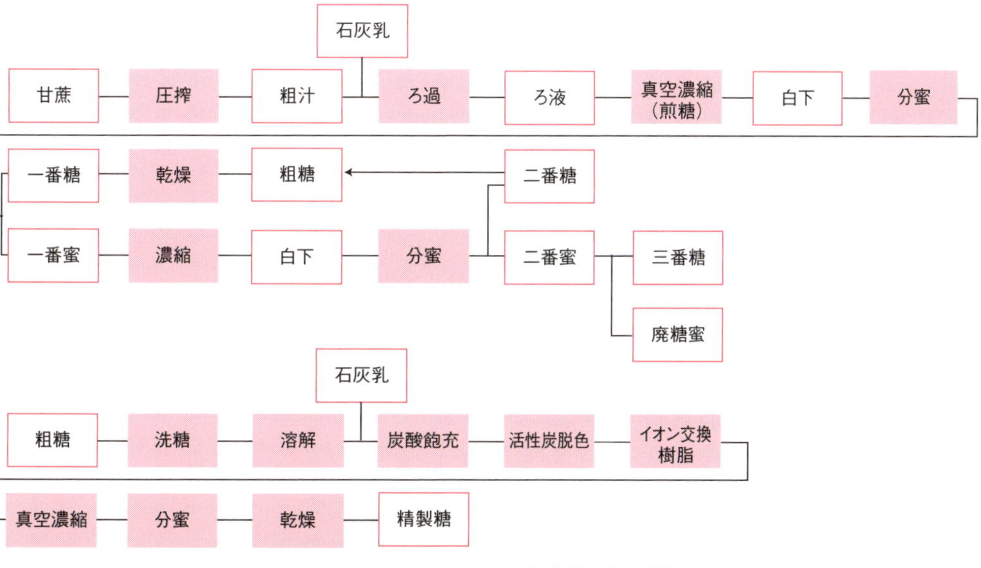

図4-10-1　甘蔗糖の製造法

を除き，得られた結晶を洗糖という．洗糖は炭酸飽充法やリン酸法により不純物を沈殿除去する．次に脱色・脱塩を目的として，活性炭，骨炭，イオン交換樹脂等により処理を行い精製糖液（ファインリカー）を得る．精製糖液は原料糖の時と同様に，真空結晶缶にいれ煎糖する．煎糖によって得られた白下は，分蜜機で分蜜して一番糖とする．一番蜜は再び煎糖して二番糖，さらに三番糖までとる．結晶は水洗して乾燥後製品とする．煎糖法は車糖，グラニュー糖，双目糖のように粒度の異なるものや，上白，中白，三温，白双，中双のように色相を異にするもの等，各種製品となる．車糖は結晶粒子が小さいため固まりやすく，その防止と湿潤性を得る目的で，転化糖（ビスコ）を1～3%加える．

c）ビート（甜菜）糖

ビートはわが国では北海道で栽培され，ビートの根部からショ糖を抽出し製造する．ビート糖は栽培地で精製糖まで製造されるので耕地白糖である．

ビート根には糖分が14～20%含まれる．ビート根は洗浄後截断し，浸出機で温水により，浸出して粗汁を得る．約12～17%のショ糖を含む．

粗汁の清澄は甘蔗糖と同様に石灰清浄法で不純物を除き，イオン交換樹脂，活性炭等により脱塩，脱色を行い精製して清澄液を得る．清澄汁は多重効用缶で約Bx65°まで濃縮を行い，煎糖し白下とし，分蜜してショ糖の結晶を得て製品とする．

4）ショ糖を原料とした甘味料

a）転化糖

ショ糖にインベルターゼ（酵素）又は希酸を作用させて加水分解した，ブドウ糖と果糖の等量混合物で砂糖よりも甘味が強い．

b）パラチノース

ショ糖にα-グルコシルトランスフェラーゼを作用させて，ショ糖のα-1，2で結合しているブドウ糖と果糖をα-1，6結合に変換させたものである．砂糖に似た甘味をもち，虫歯菌に対して低う蝕性（虫歯予防）を有している．

c）フラクトオリゴ糖（ネオシュガー）

ショ糖にβ-フラクトシルトランスフェラーゼを作用させると，ショ糖の一部が分解されて，ショ糖の果糖部位に1～3個の果糖をβ-1，2結合させた一連の化合物である．低カロリー，虫歯予防，ビフィズス菌生育促進効果がある．

5）デンプンを原料とした甘味料

デンプンを原料として製造される各種甘味料

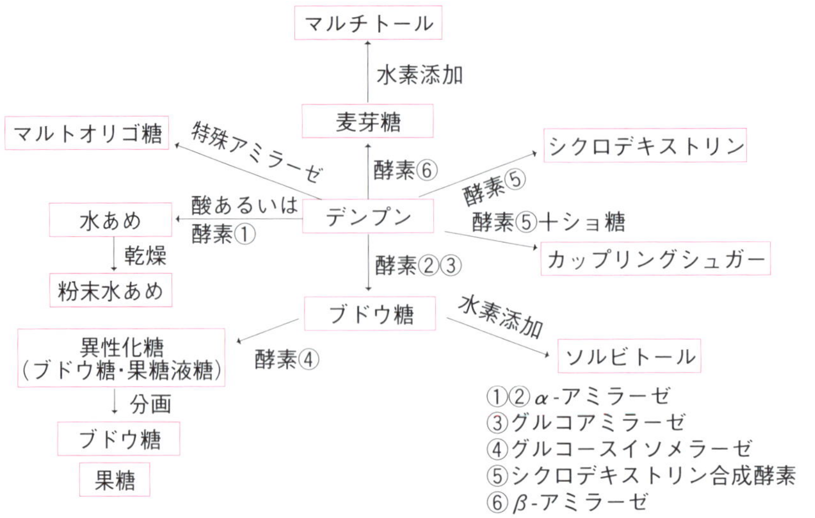

図4-10-2　デンプンを原料として製造される各種甘味料

を示す（図4-10-2）．

a）ブドウ糖

デンプンをα-アミラーゼ，グルコアミラーゼで加水分解し，精製後，濃縮，結晶化して製造する．清涼飲料水をはじめ食品工業で広く使われ，異性化糖やアルコール発酵の原料とされる．

b）異性化糖

ブドウ糖にグルコースイソメラーゼを作用させて，ブドウ糖の約半分を果糖に変える．異性化糖液の糖組成は，果糖42％，ブドウ糖50〜52％のものと，果糖55％，ブドウ糖39〜40％（高果糖タイプ）の製品がある．JAS規格では異性化液糖という．

異性化糖の甘味度は砂糖の1.2〜1.7倍と高く，上品な甘味で，高濃度で低温でも甘味度が高い．又水によく溶ける特性からゼリー，シャーベット，アイスクリーム等に利用される．甘味性と保湿性に優れることからカステラ，スポンジケーキ，羊羹等にも利用される．しかし一方で吸湿性が高いため，取り扱いに注意が必要である．又血糖値を上げずに代謝されるので，糖尿病患者の栄養甘味料としても利用される．

c）果糖

異性化糖液や転化糖を陽イオン交換樹脂を用いて，ブドウ糖と果糖を分離する．この操作を数回繰り返し，ほぼ純粋の果糖を得る．甘味は良質でショ糖の1.3〜1.7倍ある．甘味性と保湿性があり，カステラ，スポンジケーキ，羊羹等に使用される．又糖尿病患者の栄養甘味料としても利用される．

d）水あめ

デンプンを酸又はアミラーゼで部分的分解（糖化）を行い，デキストリンを残し，濃縮して製造される．酵素糖化水あめは，α-アミラーゼとβ-アミラーゼを併用して，製品のDE値（デンプンの分解程度，dextrose equivalent；glucose 直接還元糖／固形分×100）に合わせて糖化する．水あめの糖化液は精製して，水分16％以下まで濃縮して製品とする．水あめは製菓，製パン，キャンディー，ジャム，佃煮等に用いられる．

e）マルトース（麦芽糖）

デンプンをプルラナーゼとβ-アミラーゼで分解し，高純度のマルトースを得る．粉末マルトース，結晶マルトース等がある．食品工業に広く使用され，点滴用注射薬，又マルチトールの製造原料等に利用される．

f）マルトオリゴ糖

デンプンを酵素分解して得られるマルトトリオースを主成分とするオリゴ糖である．甘味度は低いが，各種飲料のこくを増したり，佃煮のつや出し等，加工食品に加えると，味やテクスチャー等がよくなる効果がある．

6）ガラクトオリゴ系糖質甘味料

a）ダイズオリゴ糖

豆腐や大豆タンパク製造時に副生するダイズホエー（上澄液）から精製したオリゴ糖で，単糖，ショ糖，ラフィノース，スタキオースからなる．シラップと顆粒状の製品がある．低カロリー，虫歯予防，ビフィズス菌生育促進効果がある．

b）乳糖オリゴ糖

乳糖又はミルクホエー（乳清）にβ-ガラクトシダーゼを作用させて作られる．製品には粉末状とシラップがある．甘味度はショ糖の約20％，常用しても虫歯になりにくくダイズオリゴ糖と同様な働きがある．

7）その他の甘味料

a）カップリングシュガー

デンプンとショ糖の混合液にCGTase（サイクロデキストリングルカノトランスフェラーゼ）を作用させると，デンプンの切れ端がショ糖のブドウ糖部分にα-1，4結合で転位された一連の化合物である．甘味度は低いが，芳香物質を包含する作用がある．虫歯の原因にならない（図4-10-3，112頁）．

b）キシロース

木材，稲わら，バガス中の多糖類（キシラン）を酸分解して製造される．主にキシリトールの製造原料とされるほか，アミノ・カルボニル反応による色調や香気がよいので，ハンバーグソースのつや出し，水産ねり製品等にも利用されている．

c) 蜂蜜

蜜蜂が，花の蜜を巣に集めたもので，花の種類によって味，色，香りに違いがある．巣全体を遠心分離するか，圧搾して採取し，ろ過して製品とする．甘味成分は主に果糖とブドウ糖である．

d) メープルシュガー（楓糖）

砂糖楓の樹液から製造されるもので，樹液を石灰で中和，卵白等で清澄し，濃縮してシラップとする．甘味成分は主にショ糖で，特有の風味があり，ホットケーキ等に利用される．

8) 糖アルコール

糖アルコールは，ニッケルを触媒として，水素圧50〜180kg/cm^2，温度50〜150℃の条件で，アルデヒド基を還元して製造される．アミノ・カルボニル反応が起こらないため安定であり，虫歯の原因になりにくい．

a) ソルビトール

ブドウ糖を還元して製造される．ブドウ糖と異なり血糖値，インスリンの増加を示さない．食品の保湿，品質改良剤として利用される．又ビタミンC，界面活性剤の原料，化粧品，高カロリー輸液等の医薬品に利用される．

b) マンニトール

ブドウ糖をアルカリ水溶液とし，還元してつくる．あめ類等の粘着防止剤として利用され，浸透圧利尿剤等の医薬に多く利用されている．

c) マルチトール

ブドウ糖とソルビトールからなる二糖類の糖アルコールで，マルトースを還元してつくる．耐熱性に優れ，酸に対しても安定である．砂糖代替甘味料としての利用度が高く，ジャム，キャンディー，飲料等あらゆる食品に利用できる．又，保湿性が高いことから，多くの食品あるいは化粧品等の保湿剤及び艶出し剤等にも利用される（図4-10-4）．

d) キシリトール

キシロースを還元して製造される．代謝にインスリンを必要とせず，又，虫歯になりにくい甘味料である．チューインガム等の食品，点滴用注射薬として医薬に利用されている．

9) 非糖質系天然甘味料

a) ステビオシド

南アメリカ原産のキク科植物であるステビア（アマハステビア）の葉に含まれるジテルペン配糖体で，同種のものが数種類知られている．ステビオシドは1分子のステビオールと3分子のブドウ糖からなる．ステビオの葉を10〜20倍の温水で抽出し，不純物をカルシウム等で除去し，精製，濃縮，噴霧乾燥して製品とする．甘味度は実際の使用濃度では，120〜150倍ほどである．酸，アルカリ，熱にも安定だが，後甘味が残る．

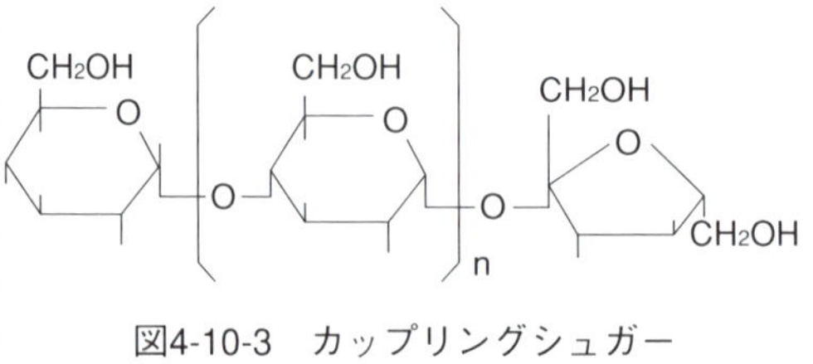

図4-10-3　カップリングシュガー

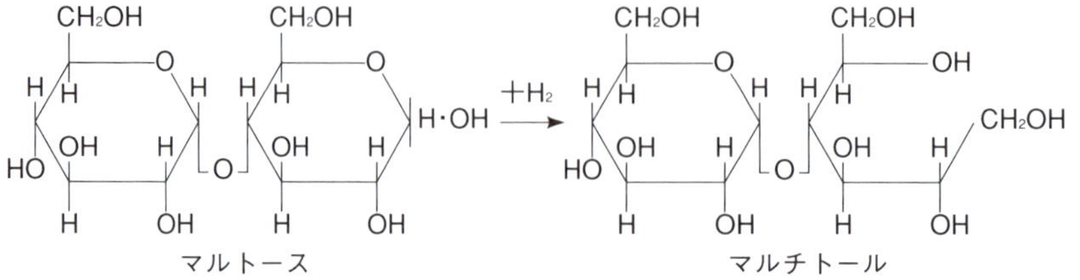

図4-10-4　マルチトールの製造と構造

漬物，飲料，冷菓，缶詰，チューインガム，ダイエット食品まで広く利用されている（図4-10-5）．

b）グルチルリチン

マメ科の甘草の根に含まれる甘味成分で，グルチルリチン酸に2分子のグルクロン酸が結合した配糖体である．甘草の根から熱水抽出してつくられる．甘味度は砂糖の150倍で熱には安定であるが，pH 4.2以下では白濁を生じる．醤油，タバコには古くから使われていたが，近年は，漬物，佃煮，ソース等にも利用されている．

10）合成甘味料

a）アスパルテーム

L-アスパラギン酸とL-フェニルアラニンのメチルエステルからなるジペプチドである．製造は化学合成によるものと，酵素反応を利用するものとがあるが，主に化学合成によって作られる．甘味度は砂糖の100～200倍である．砂糖の甘味に似て，さわやかな味の低カロリー甘味料である．コーヒー，紅茶に利用されるほか，粉末は安定性が高く，長期の保存にも耐えうるため，食品添加物等にも利用範囲が広い（図4-10-6）．

b）サッカリン

トルエンを原料として合成される．化学名は安息香酸スルファミド．甘味度は350～500倍である．サッカリンはチューインガムに，そのナトリウム塩は清涼飲料，乳飲料，漬物，アイスクリーム類，あん類等広く使用される（図4-10-7）．

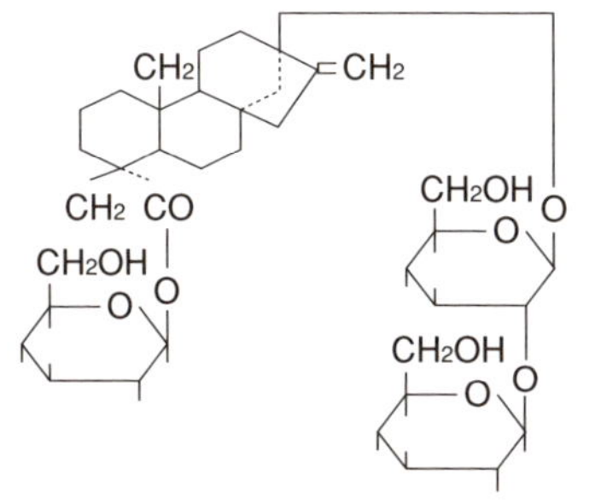

図4-10-5　ステビオシド

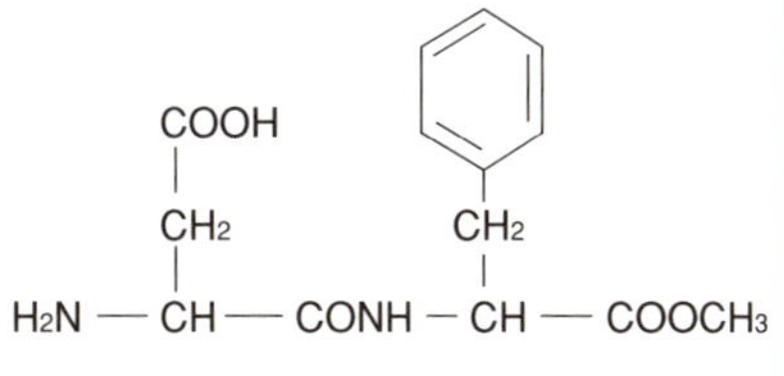

図4-10-6　アスパルテーム

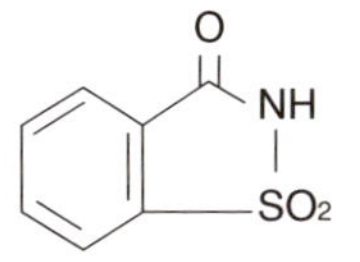

図4-10-7　サッカリン

4・10・2　調味料

調味料とは，塩味，甘味，酸味，旨味等，飲食物の味をととのえるのに用いる材料である．

調味料には，微生物の作用を利用した発酵調味料と，微生物を利用しないで製造される調味料とがある．発酵調味料はわが国の伝統的調味食品である味噌や醤油，食酢やみりん等があり，又旨味（化学）調味料も現在は，その大部分が微生物を利用して製造されている．微生物を利用しないで製造される調味料には，食塩，ソース類，トマト加工品，マヨネーズ，ドレッシング等がある．

1）みりんの特性と製造法

みりんは米，米麹，焼酎又は醸造用アルコールを原料として製造される酒類である．日本では古くから，甘味調味料として利用されてきた．みりんには，本みりんと本直しの2種類がある．本みりんの成分は，糖分が約45%，旨味成分の主体となる全窒素とアミノ態窒素がそれぞれ0.08%と0.03%あり，微酸性でアルコール分が約14%含有されている．糖分はブドウ糖であるため，砂糖より食品への浸透性がよく，上品な甘み，照りやつや，粘稠性，焼き色や香気を生み出す効果がある．又みりんの中のアルコール分は，肉類の保水性を高め，組織を強化するため，煮崩れを防止する働きをもつ．調理素材の悪臭の除去，腐敗防止，香気成分を強調させる等の効果もある．本直し（もとなおし）はエキス分16度未満のもので，アルコール分を約15%含有する．関西では柳陰（やなぎかげ）と呼び，氷を加えて夏の飲み物としている（＊現在本直しは酒税法改正によりリキュールに分類）．

みりんの仕込み配合例を表4-10-2，製造工程を図4-10-8に示す．

2）ソースの特性と製造法

ソースとは，広い意味ではケチャップ，マヨネーズ，醤油等を含む液体又は半固形体の調味料である．近年は，ハンバーグソース，パスタソース等料理別の専用ソースが増えている．日本では，ソースといえば一般的にはウスターソース類を意味する．

JAS規格ではウスターソース類は，野菜もしくは果実の搾汁，煮出し汁，ピューレもしくはこれらを濃縮したものに糖類，食酢，食塩，香辛料を加えて調整したもの，又はこれにカラメル，酸味料，アミノ酸液，糊料等を加えて調整したもので，茶色又は茶黒色をした液体調味料をいう．中濃ソースは，液中の水分に溶けない野菜又は果実成分を含み，粘度はウスターソースと濃厚ソースの中間的な0.2Pa･s以上2.0Pa･s未満である．濃厚ソース（とんかつソース）は，主にとんかつの調味に用いられ，野菜や果実の

表4-10-2　仕込み配合例

原料	No.1	No.2	No.3
蒸しもち米（kg）	4260	3950	4160
米麹（kg）	630	590	680
32.5%（W/W）アルコール（kg）	1890	0	2000
34.3%（W/W）アルコール（kg）	0	1760	0
合計量	6780	6300	6840

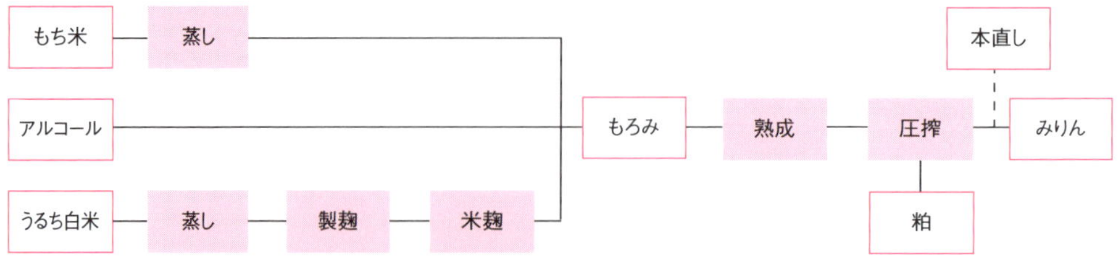

図4-10-8　みりんの製造工程

固形物を多く含み，2.0Ps･s以上の粘度で，とろりとしている．（＊Pa･sは粘度を表わす単位）

ウスターソースの製造は，野菜，果実，食塩，糖類，唐辛子等の一部の香辛料を蒸煮して野菜・果実のエキス分を抽出する．蒸煮後，90～95℃に冷却して100メッシュ程度の篩（ふるい）で蒸煮粕を除去し調味する．中濃及び濃厚ソースの製造では，液温90℃以上の液温時にコーンスターチを加える．調味料，香辛料そして食酢を最後に加え，味と濃度を調製する．ホモジナイザー処理によりテクスチャー，熟成により風味を改善して製品とする．

3）旨味調味料の特性と製造法

旨味成分の代表的なものとして，コンブのグルタミン酸，カツオ節のイノシン酸，シイタケのグアニル酸，貝類のコハク酸等がある．

a）グルタミン酸ナトリウム（Monosodium L-glutamate：MSG）

グルタミン酸ナトリウムはコンブの旨味として発見され，旨味調味料の中心として，廃糖蜜を原料に製造される．香りに影響を与えず，味の強さを増し，食品の味の持続性やこく，まろやかさ等を増大する．調理，加工食品への使用量の適量は食塩濃度の20%である．

グルタミン酸ナトリウムの製造には，いくつかの方法があるが現在は発酵法で製造されている．グルタミン酸生産菌は，*Corynebacterium glutamicum*の他に*Brevibacterium*，*Microbacterium*等である．培養液には，炭素源として糖蜜やブドウ糖，窒素源として尿素や他のアンモニア，無機塩類，ビタミン等が用いられる．培養温度は一般に30～37℃，pHは6～8に持続される．発酵は30～40時間で完了し，グルタミン酸は発酵液中に蓄積される．対糖収率は30～50%である．発酵液からグルタミン酸を分離したのち，精製，中和，結晶化の工程を経て製品とする．

b）イノシン酸ナトリウム（5'-inosin monophosphate：5'-IMP）

グアニル酸ナトリウム（5'-guanosine monophosphate：5'-GMP）

イノシン酸ナトリウムはカツオ節，グアニル酸ナトリウムはシイタケの旨味成分として発見された．MSGに数%程度添加すると味の相乗効果により，そのいずれよりもはるかに旨味が得られる．

5'-IMP・5'-GMPは，MSGと配合したタイプいわゆる複合調味料として家庭用，又核酸系調味料として単独で加工食品に広く使われている（図4-10-9）．

5'-IMPと5'-GMPの製造は，微生物を利用した3通りの方法があり，酵母核酸分解法，発酵・合成組み合わせ法，直接発酵法である．

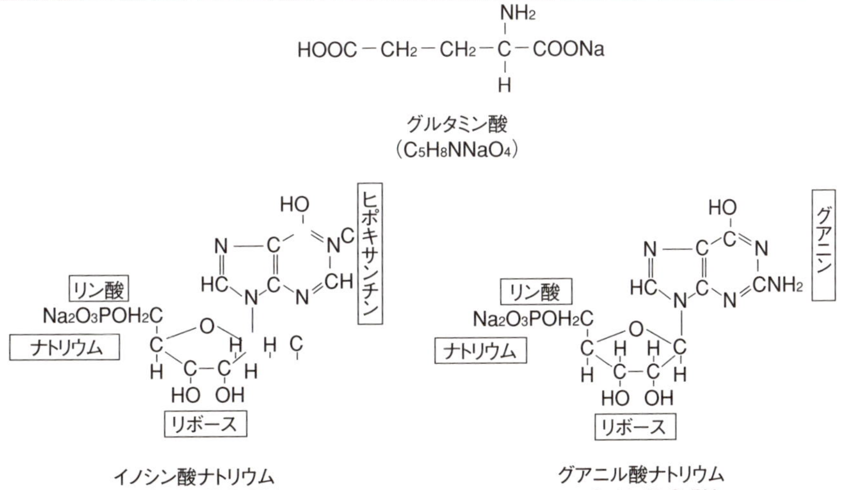

図4-10-9　旨味調味料の構造

4・11　お茶・コーヒー等

茶，コーヒー，ココア等の飲料は，嗜好飲料として古くから世界各地で習慣的に飲食されてきた．これらの飲料は，栄養を目的としたものではないが，近年になってこれらの成分の機能性が明らかにされたものもある．

4・11・1　茶

茶はツバキ科の茶樹の若葉を加工したもので，その浸出液の味や香り，抽出液の色を楽しんで飲用する．茶樹の学名は*Camellia sinensis L.*で，植物学的には一種類である．その中に変種として，中国種，アッサム種とその中間のアッサム雑種がある．アッサム種は酸化酵素の活性が強く，タンニン含量が多いので紅茶に適している．中国種のうち，緑茶用に日本で選抜改良されたものは，酵素活性が弱く，タンニン含量があまり多くなく，アミノ酸含量が多いのが特徴である．

茶は製造法により，茶葉中の酸化酵素を十分に作用させた発酵茶（紅茶），酵素をある程度作用させたのち失活させて製造する半発酵茶（烏龍茶），酵素を失活させて製造する非発酵茶（緑茶）に大別される．茶の種類を示す（表4-11-1）．

1）緑茶

緑茶は非発酵茶の代表的なもので，摘みとった若葉中の酸化酵素を加熱によって速やかに失活させる．揉捻（じゅうねん），乾燥を行って緑色を保持した製品とする．茶葉の加熱法は，蒸す方法が一般的であるが，一部の茶（嬉野茶等）は釜で炒（い）る方法で行われている．

緑茶中には，覚醒作用や利尿作用のあるカフェイン類（テオブロミン，テオフィリン），ポリフェノール類のカテキン（エピガロカテキンガレート，エピカテキンガレート，エピガロカテキン，エピカテキン），アミノ酸，ビタミン，ミネラル等が含まれ，これらの成分が健康に役立っている．これらの成分には抗腫瘍作用，抗酸化作用，血中コレステロール低下作用，高血圧予防，抗菌作用，抗インフルエンザ作用，虫歯予防，老化防止等が知られている．

a）製造法（図4-11-1）

煎茶：わが国の代表的な茶で，茶摘みした生葉を速やかに98℃，30～40秒蒸熱する．これにより酸化酵素を失活させ，クロロフィルを保持させると共に，タンニン，ビタミンCの酸化を防ぐ．又，青葉臭の除去と茶葉に柔軟性が付与される．次に蒸し葉を急冷し，揉捻機に入れて揉み操作を行いながら，含水率80％を50％程度まで乾燥させる．又，攪拌，揉捻によって葉が巻かれ，容積は1/3程度になる．萎凋（いちょう）葉を揉捻機に入れ，55℃以上にならないように加熱しながら揉捻する．この過程で茶葉の細胞は破壊されて茶成分の抽出は容易となる．中揉操作により含水率は50％から25％位まで乾燥し，精揉でそれまで湾曲であった茶葉が針状になる．さらに加熱乾燥して水分が約5％の荒茶とする．

荒茶は各生産農家あるいは協同工場で製造されるので，香味と品質の均一化のため，各産地の荒茶を調合して再び加熱乾燥され，水分3～5％の製品とする．煎茶（新茶）に加工される一番茶葉とは，4～5月初旬に一芯三葉（先端から第3葉まで）

表4-11-1　茶の種類

	発酵法	加熱法	種類
茶	非発酵茶	蒸し茶（日本式）	露天園茶：煎茶，番茶，焙じ茶
			覆下園茶：玉露，碾茶（てん茶）（粉末にすると抹茶）
		釜炒り茶（中国式）	玉緑茶（嬉野茶，青柳茶）
	半発酵茶		烏龍茶，包種茶（ホウシュ茶）
	発酵茶		紅茶
	後発酵茶		黒茶（プアール茶），紅だん茶

が手摘みされ，二・三番茶葉に比べ，アミノ酸含量が約3倍多い．二番茶葉は6～7月，三番茶葉は8月に機械刈りされる．

b）緑茶の種類

番茶：二番，三番茶葉が用いられる製茶法は，煎茶と同様である．番茶を強火で炒ったものが焙じ茶である．緑茶飲料に多く使用され，缶やペットボトル飲料として製造されている．

玉露：製茶法は煎茶と同様である．原料の茶葉は，収穫の2～3週間位覆下（おおいした）茶園（黒色寒冷紗等で覆った茶畑）で日光を遮って栽培する．これにより茶葉が軟らかくなり，緑色が濃く，旨味成分のテアニン，アルギニン，グルタミン酸等のアミノ酸や，カフェインが多く，又，苦味成分のタンニンが少なく，緑茶の中の最高級品である．

碾茶・抹茶：碾茶用の茶葉の栽培は，玉露と同様に覆下茶園で行うが，5月下旬～6月上旬頃の一芯七～八葉（先端から第7～8葉まで）を茶摘みする．収穫した茶葉は，速やかに蒸したのち，揉捻せずに加熱乾燥して碾茶とする．抹茶は碾茶の葉柄や葉脈を除き，石臼（御影石）で微粉末にしたものである．粉末であるため酸化や吸湿により変質しやすい．流通販売は，缶やガス置換包装して行われている．

2）紅茶

世界で最も多く飲用されている茶で，茶葉を萎凋（いちょう），揉捻（じゅうねん）し，酸化酵素によって酸化発酵して作られ，抽出液は鮮紅色で，特有の香気がある．

a）製造法（図4-11-2）

紅茶の高級品の原料は，手摘みで一芯二葉（先端から2葉）の上部の軟らかい部分を原料とする．萎凋操作は，原料生葉の水分を35～50％除去するためで，その後薄く拡げて十数時間陰干しにする．この操作により酸化酵素の活性が強められる．次いで揉捻機に萎凋葉を入れ揉捻する．この操作により茶葉の細胞は破壊され，タンニンの酸化反応が始まり，茶葉は黄化してくる．発酵は，20～25℃湿度90％以上の発酵室で2～3時間行う．発酵中に酸化酵素等の作用により，茶葉中のカテキン類が酸化され，テアフラビン（橙赤色）やテアルビジン（褐色）等を生成し，紅茶特有の色調と香気成分を生成する．乾燥は熱風乾燥で2回行う．最初は90℃の高温で乾燥と酵素活性を失活させ，次に70℃の熱風で水分を約5％まで乾燥後，篩別（ふるいわ）けして製品とする．

b）紅茶の種類

紅茶の種類は多く，最近は各種の香りを付けたフレーバーティーも製造されている．ティーバッグ入りの紅茶は，CTC（crushing tearing curing）紅茶といわれ，萎凋させた茶葉を同一機械で破砕と揉捻を行い製造したものである．近年，紅茶は緑茶同様に，缶やペットボトル飲料として製造されている．

3）ウーロン茶（烏龍茶）

ウーロン茶は中国の代表的な茶で，緑茶と紅茶の中間的な香味をもつ半発酵茶である．その製造法は，収穫した茶葉を日光に当てて萎凋させる．室内に移して萎凋させながら，芳香が出るまで酸化酵素による発酵を行ったのち，釜炒り法で加熱して酵素を失活させる．中国の福建省，広東省や台湾が主産地である．包種（ほうしゅ）茶はウーロン茶とほぼ同じ方法で製造するが，発酵時間が短いため緑茶の香りに近い．

茶葉 — 蒸熱 — 粗揉 — 揉捻 — 中揉 — 精揉 — 乾燥 — 製品

図4-11-1　煎茶の主な製造工程

茶葉 — 萎凋 — 揉捻 — 発酵 — 乾燥 — 製品

図4-11-2　紅茶の主な製造工程

4・11・2　コーヒー

コーヒーは，アフリカ原産のアカネ科コーヒー属の果実の種子で，アラビカ種，ロブスタ種，リベリカ種の3種がある．このうちアラビカ種が最も香りがよく，全生産量の80～90％近くを占め，次に病害虫に強いロブスタ種が約20％，リベリカ種は僅かであり，アフリカ，アラビア，ジャワ，中南米等で栽培されている．

コーヒーの苦みはカフェイン，苦渋味はクロロゲン酸等で，酸味はクエン酸，リンゴ酸，酢酸，キナ酸等である．カフェインは中枢神経を刺激し，疲労回復や覚醒・利尿作用等がある．

コーヒーの果実（コーヒーチェリー）は図4-11-3に示したように外皮，果肉，パーチメント（内果皮）の薄膜におおわれ，半円形の平たい2つの種子からなっている．

1）コーヒーの製造工程（図4-11-4）

a）コーヒーの精選加工

コーヒー成熟果からコーヒー豆（生豆）の精製は，水洗式と非水洗式（乾燥式）がある．水洗式は収穫したコーヒー果実を水路に入れ，未熟果等

表4-11-2　茶の風味と抽出液の色

	味	香り	抽出液の色
緑茶	タンニンによる渋みと旨味アミノ酸（テアニン）のバランスがよい	生葉の青葉臭が特徴	茶葉中のフラボノイド類により黄金色
紅茶 烏龍茶	発酵によりタンニンが減少あるいは酸化により渋味と苦味が弱く 甘味がある	芳醇な花のような香りは，発酵によりタンニンの変化と香気成分生成	タンニンの酸化により琥珀色から紅色

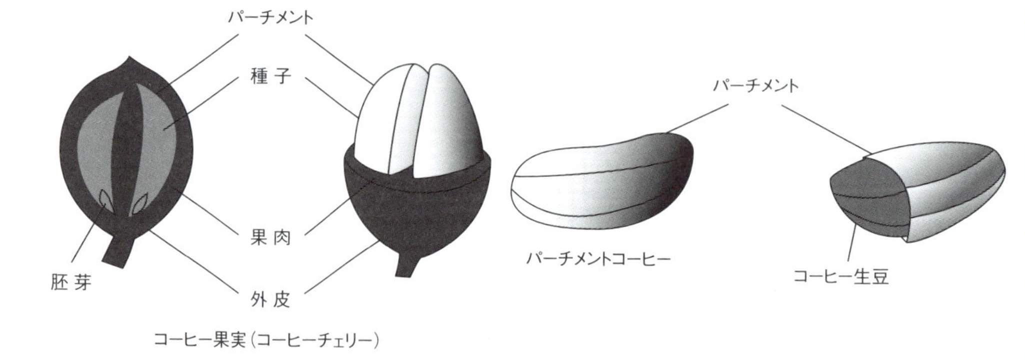

図4-11-3　コーヒー果実と生豆

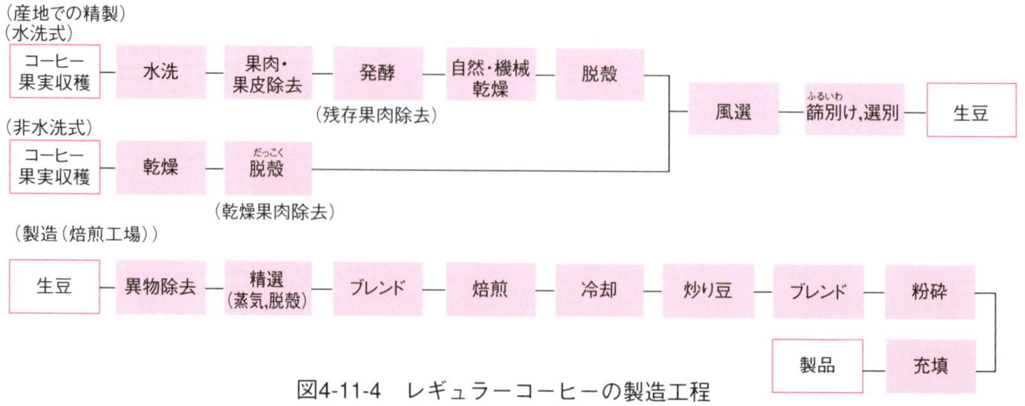

図4-11-4　レギュラーコーヒーの製造工程

を除き脱穀機で果肉を剥離したのち，水洗して粘質を除き乾燥，篩別けして生豆とする．非水洗式（乾燥式）は1～2週間自然（天日）乾燥して，果肉を機械で除き生豆とする．

b）コーヒー豆の焙煎

コーヒー生豆は青臭いが，焙煎によって水分が蒸発するとともに，香気成分が化学変化して，コーヒー独特の香りと色，風味を生じる．焙煎の度合いには，浅煎り，中煎り，深煎りがあり，同一の生豆でも焙煎度合いの違いで，異った風味のコーヒーを作ることができる．一般的な焙煎温度は，焙煎機によって異るが，ドラム式熱風焙煎機では200～250℃で4～15分，最新型の急速焙煎機では1.5～6分程度である．焙煎したコーヒー豆は磨砕機にかけ，適当な粒度に粉砕し真空包装機によって包装後，レギュラーコーヒーとして出荷される．

2）インスタントコーヒー

可溶性コーヒーともいい，湯に溶かしてそのまま飲める．製造法は焙煎したコーヒー豆をブレンドし，粗く粉砕したのちに，高圧下で熱水抽出する．抽出液を濃縮し，噴霧乾燥（スプレードライ）や凍結乾燥（フリーズドライ）で粉末あるいは顆粒状にしたものである．

3）コーヒー飲料（缶・ペットボトル）

通常のコーヒーやインスタントコーヒーと同様の方法で抽出し，製品により砂糖，牛乳，粉乳，練乳や乳化剤等を加え味を調整，乳脂肪の分離を防止するため均質化し，殺菌して製品とする．なお，pH低下によるタンパク質の変性，沈殿を防止するため，炭酸水素ナトリウムを添加してpHを調整する．冬期にはホットコーヒーとして自動販売機で販売されるが，一時芽胞を有する耐熱性細菌の発生が問題となったが，ショ糖脂肪酸エステル等の添加により解決した．

表4-11-3　コーヒーの銘柄の特徴

銘柄	産地	味の特徴
メキシコ	メキシコ	酸味やや強い，柔らかい甘み，適度な香り．
グァテマラ	グァテマラ	酸味やや強い，適度な甘みと苦み，香り豊か．
ブルーマウンテン	ジャマイカ	甘酸苦味に調和がとれた味，最高級品．
ブラジル・サントス	ブラジル	適度の酸味と苦味が調和，香りが高い．
コロンビア	コロンビア	香りが高く，適度な酸味と苦味がありコクがある． マイルドコーヒーの代表格．
キリマンジェロ	タンザニア	酸味がやや強く，甘み，コク，香りの調和がよい．
モカ・マチリ	イエメン	酸味が強い，芳醇な香りとコクがある．
マンデリン（スマトラ）	インドネシア	苦味が強い，濃厚なコクとクリームのようななめらかさ．
ロブスタ	インドネシア	強い苦味と独特な香り．
ハワイ・コナ	アメリカ	酸味が強い，味が濃く香りも強い．

4・11・3　チョコレート・ココア

チョコレート，ココアの原料となるカカオ豆は，南アメリカ（ブラジル，エクアドル），西アフリカ（ガーナ，象牙海岸，ナイジェリア）の熱帯地域に成育するアオギリ科のカカオ樹の種子である．カカオ樹の果実は，長さ10〜30cmほどのラグビーボールのような形で，その中に20〜50個の種子が入っている．この種子を取出し発酵，水洗後乾燥してカカオ豆とする．発酵工程（50℃，3〜15日）中にカカオ豆は渋みや刺激的な味が減少して，逆に芳香のものとなる．

1）チョコレート

チョコレートの製造工程を示す（図4-11-5）．カカオ豆は精選後，焙炒する．焙炒によって水分と揮発性成分が除去され，外皮と胚乳部が分離しやすくなる．焙炒はロースターで，蒸気圧7〜8kg/cm^2，品温110℃〜150℃で25〜50分間行われる．焙炒中にアミノ酸と糖は，アミノカルボニル反応すると同時にポリフェノールと重合し，特有の褐色色素と風味を形成する．焙炒カカオ豆は，破砕後外皮（カカオシェル）を除き，カカオニブとする．これを磨砕したものがカカオマスで，アルカリ処理して搾油したものがカカオ脂（カカオバター）となる．カカオマスとカカオ脂を混ぜ，さらに砂糖や粉乳を加え混合し，微粒化するとフレーク状になる．これをさらに50〜70℃で24〜72時間かけ練り上げる（精練）とカカオ脂がペースト状のチョコレート生地（原料チョコレート）になる．これを温度調節しながらカカオ脂を結晶化させ，整形したものがチョコレートである

カカオバター（カカオ脂）は，チョコレート様の芳香を放ち，やや黄色を帯びている．脂肪酸はパルミチン酸，ステアリン酸で約60%を占め，他にオレイン酸とリノール酸である．

2）ココア

ココアの製造工程を示す（図4-11-5）．

ココアの約半分は食物繊維であり，10〜25%の油脂を含んでいる．主な脂肪酸はパルミチン酸，ステアリン酸，オレイン酸，リノール酸である．ココアにはカフェインの他，リラックス効果のあるといわれているテオブロミン，抗酸化作用を有するポリフェノール類も含まれている．ビタミンではA，B_1，B_2，ナイアシンを含む．市販のココアにはピュアココアと調整ココアがあり，調整ココアは砂糖や粉乳を添加し，さらに溶解しやすいように加工されている．

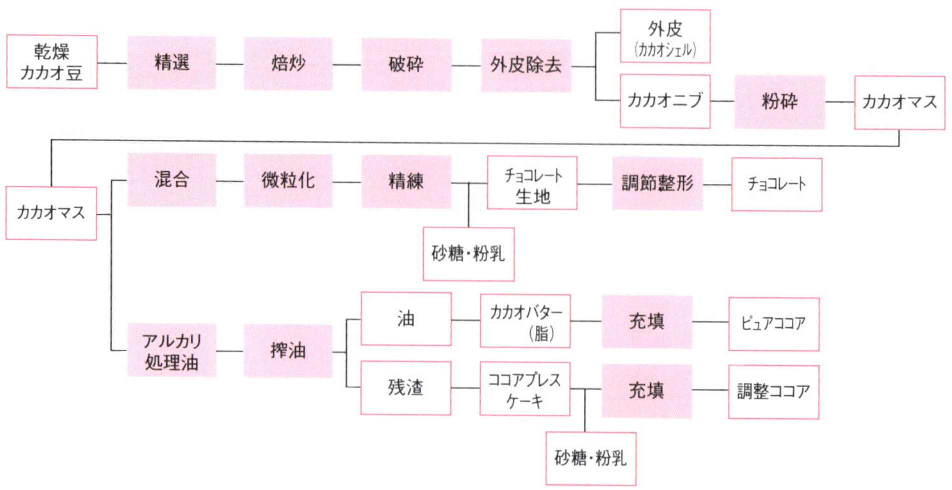

図4-11-5　チョコレート・ココアの製造工程

4・11・4　清涼飲料

清涼飲料は有機酸による酸味を有し，清涼，爽快さを楽しむ飲料である．JAS規格では，炭酸飲料と果汁飲料に大別されたが，近年，果汁入り飲料，乳酸飲料，スポーツ飲料等が商品化されている．

1）炭酸飲料

炭酸飲料は二酸化炭素を含む発砲性飲料で，炭酸を含む地下水をそのまま使用した天然炭酸水と，炭酸ナトリウム，炭酸水素ナトリウム，食塩等を加えて二酸化炭素を圧入した人工炭酸水とがある．原料の甘味料は砂糖，異性化糖が多く使われ，低カロリー用としてはステビア，アスパルテーム，スクラロース等が用いられる．酸味料としてはクエン酸が多く，他にリンゴ酸，酒石酸，乳酸等も使われる．

代表的な飲料には，サイダー，ラムネ，コカの葉やコーラの種子の抽出液に香料や着色料を加えたコーラ類，根しょうがの抽出液を加えたジンジャーエール，ガラナの種実の抽出液を加えたガラナ飲料，果汁を加えた果汁入り炭酸飲料等がある．コカ樹の葉は，知覚神経を麻痺させるアルカロイドの一種のコカインを含有ている．コーラ樹の種子はコーラナットと称し，カフェイン，テオブロミン，タンニン等を含み興奮作用がある．

炭酸飲料の製造工程（プレミックス法）を示す（図4-11-6）．

酸味料，香料その他の材料と甘味料を混合してシラップを調整する．原料水は薬品処理後，ろ過して脱気する．処理水とシラップを一定の割合で混合し，カーボネーターで二酸化炭素を圧入して製品とする．

2）果汁入り飲料

JAS規格では，果汁を10%以上50%未満含む飲料，もしくは全く果汁を含まない飲料としている．原料水に甘味料，酸味料，着色料，香料その他の添加物を添加し，果汁飲料は果汁を加え，定量混合してペットボトルや缶等に充填して製造される．

3）スポーツ飲料

スポーツ等を行った際に失われる水分や無機塩類を速やかに補う目的で作られた飲料である．甘味料（ブドウ糖，果糖，ショ糖等）や塩類（Na，K，Ca，Mg，P等），ビタミン（B_1，B_2，C，ナイアシン，B_6等），アミノ酸類，有機酸等を主要成分とする．飲料の浸透圧が体液と同程度（アイソトニック）に調整されたものと，若干浸透圧を下げた（ハイポトニックタイプ）ものがある．

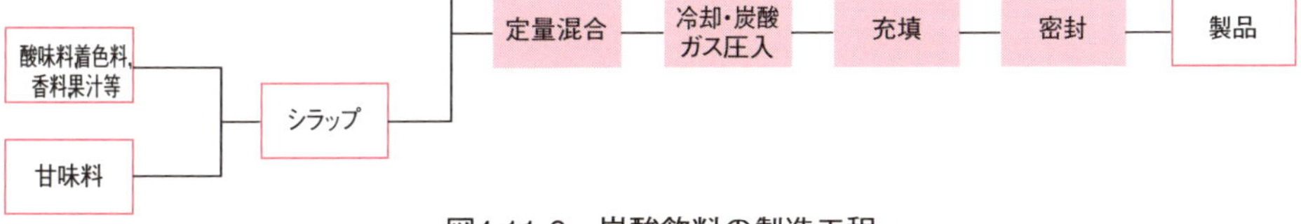

図4-11-6　炭酸飲料の製造工程

5

品質規格と表示

5章　品質規格と表示

食品供給者は，消費者に対して安全性の確保と安心（信頼）の提供をセットで行うことが求められる．特に，近年新食品・新技術が日々開発され，かつ農薬，添加物，有害微生物等リスクも多岐にわたることや，生産～消費間が複雑化していること等から，安全性確保に関して，一律的基準による管理から自主的管理に，結果管理からプロセス管理に移行するとともに，安心（信頼）提供に関しては，新たな食品表示法が制定され，またトレーサビリティシステムの積極的導入も求められるようになった．

5・1　食品の品質・衛生管理と規格・基準制度

5・1・1　変わる食と人との関わり

ここ半世紀の間に，我々が毎日口にする食べ物の生産から消費までのルートや取扱いの方法は大幅に変わった．以前は裏の畑でできた農作物を母親が収穫し，調理して家族に提供するというように，生産から消費の全てに関わる人数が少なく，また途中経過も明らかで，きわめてシンプルな形態が多かった．しかし現在は，生産から消費の間において分業化が進み，生産，加工，流通，販売，外食といった様々な業態が介入するようになった．すなわち，食料を単独走方式で提供してきた時代から，複数の人によるリレー方式の時代に変わり，その結果生産～消費間の多段階のつながりを示す「フードチェーン」という概念が現れることとなった．いずれにしてもフードチェーン間の分業化の進展は，この間での効率化にとって大いに貢献したことも事実である．

一方，それと並行して物流面での効率性も確実に高まっていった．保蔵技術の発達等により今やたとえ地球の裏側の食材であっても，日常の食生活において容易に入手可能となっている．

すなわち，図5-1に示すように，人間にとっての食料は，ほんの半世紀前までは，「その土地に行き，その季節でなければ入手できず，加工・調理品であれば特定の技能者や料理人の手にかかったものでなければ口にすることができない存在」であったが，現在では「世界中のものが，季節を問わず容易に手に入り，かつレトルト，冷凍処理，電子レンジ等の活用により誰でも容易に高度な加工・調理品を口にできる存在」となった．こうした人間の欲求を満たすための飽くなき努力の結果，利便性（ベネフィット）は得られたものの，本来「非日常」的なことを自然の摂理に逆らって「日常」的にしてきたことから，当然のことながら利便性の分「リスク」も抱えることとなった．

5・1・2　フードチェーン全体としての食品安全・信頼確保

リレー方式により多段階の関係者が関わって形

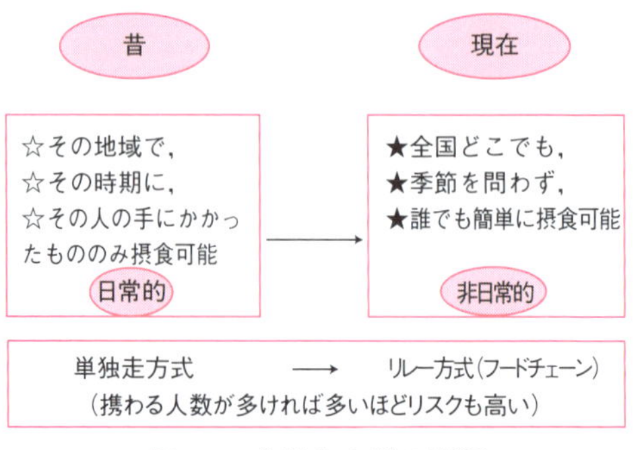

昔
現在
☆その地域で，
☆その時期に，
☆その人の手にかかったもののみ摂食可能
日常的
★全国どこでも，
★季節を問わず，
★誰でも簡単に摂食可能
非日常的
単独走方式　→　リレー方式（フードチェーン）
（携わる人数が多ければ多いほどリスクも高い）

図5-1　食料と人間の関係

成されているフードチェーン間では，「バトン」や「たすき」が確実に渡されて初めて機能を発揮するものであり，「バトン」や「たすき」を「安全」や「信頼」に置き換えた場合，まさにこれらを手渡す全員が果たすべき役割を確実に実行することが求められる．フードチェーンの各段階のうち，たとえ1カ所が不適切な対応をすると，他の段階の関係者の努力が無駄になるばかりか，消費者に甚大な被害を及ぼす結果にもなる．

このように，現代はフードチェーン全体の安全性及び信頼の確保が重要となっている．

こうした状況を踏まえ，BSE問題や度重なる食品表示不正事件等を契機に，平成15年（2003年）に制定された「食品安全基本法」の基本理念の一つとして，「農林水産物の生産から食品の販売に至る一連の国の内外における食品供給の行程（フードチェーン）におけるあらゆる要素が食品の安全性に影響を及ぼすおそれがあることにかんがみ，食品の安全性の確保は，このために必要な措置が食品供給行程の各段階において適切に講じられることにより，行われなければならない．」（第4条）としている．

5・1・3　安全・安心対策は義務から任意へ

戦後の食品産業の発展は，消費者ニーズへの的確な対応の結果ともいえる．具体的には，商社等による海外からの買い付け等の取組み及び，新たな食品や製造方法等技術開発面での取組みにより，本来「単独方式では不可能であったこと」が「可能なこと」とされてきた．

たとえば開発技術の例としてこの半世紀の間だけみても，噴霧乾燥や凍結濃縮（インスタントコーヒー等），無菌充填包装（テトラパック牛乳等），真空・ガス充填包装（茶，削り節等），CA貯蔵（リンゴ等），真空フライ（野菜チップ等），超高圧（ジャム等）等膨大な数に及ぶ．

また，これらの技術開発と並行して，特に食品企業において，品質管理活動が積極的になされてきた．

すなわち，TQC（Total Quality Control）の考え方に基づく企業内で自主的取組みが積極的になされる一方で，JAS（日本農林規格 Japanese Agricultural Standard）制度の普及もこれらの取組みの拡大に大きく貢献してきた．

ところで，品質管理が自主的に適切に実施されていることを対外的に示す方法としては，取り組んでいる会社自身が主張する「自己宣言（第一者認証）」や，商品の買い手が認める「第二者認証」の方式もある．又，売り手・買い手以外の第三者が認める「第三者認証」方式が客観性等の観点から最も信頼が得られやすい．JAS制度はJAS法（農林物資の規格化及び品質表示の適正化に関する法律）に基づく任意の品質管理制度で，公的な第三者認証制度として重要な位置づけにある．

国の認めた品質保証のマークを，消費者が買い物をする際の安心の目印として貼付する当該制度は，世界的にも特異な位置付けのものである．昭和20年代後半以降全国に普及していったが，現在では①試料の抽出（サンプリング），②その分析・判定検査（テスティング），及び③判定結果に基づく製品へのJASマークの貼付（ラベリング）の全ての行程を事業者に委ねる，いわゆる自主格付を原則とした制度となっている．この場合の認証の資格要件として，一定の技術的基準が満たされていることが課せられている．

一方，制度的には，主要な品目について厚生省（現行厚生労働省の前身）が衛生管理面に関する「衛生規範」を，農林水産省が品質管理面での「製造流通基準」を策定してきた．

これらは食品の製造段階において一般的に必要とされる衛生・品質レベルを維持するための基準であるGMP（適正製造基準；Good Manufacturing Practices）等に基づき，基本的に品目ごとに構築されてきたものである．

5・1・4　HACCP

次々に開発される食品に迅速に対応するための自主管理法として登場したのがHACCP（危害分析重要管理［監視］点方式：Hazard Analysis Critical Control Point）である．アメリカのNASAの宇宙食開発に際して開発されたこの手法は短期間で世界中に普及され，自主管理手法の先駆的位置付けとなった．

HACCPは，7つの原則からなる（表5-1）．すなわち，工程のあらゆる段階において発生しうる潜在的なあらゆる危害を分析し（HA），その結果特に厳重に管理する必要があり，かつ危害の発生を防止するためのコントロールができる手順，操作，段階としての重要管理点（CCP）を設定．そのポイントにモニタリングパラメーター（例えば滅菌に必要な加熱温度・時間等の管理基準）を設定して，基準通りコントロールされているかをリアルタイムにモニタリングし，その結果基準を超えた等適切なコントロールがなされていない場合の改善措置も設定．そして，以上の管理手順を記録・保存するとともに検証して，よりよい管理方式に改善していく方式である．なお，こうした原則に基づくHACCPプランを作成するには，危害分析の準備となる手順1～5が求められる（表5-1）．

この手法は，それまでの抽出検査方式による手法と違い，たとえばO-157のように，菌数が数十個レベルで発症するようなロット管理が困難なリスクに対しても適していること，また，記録の保存を義務づけていることから事後対策にも有効なこと等から，制度導入後多方面で貢献してきた．

特に，残留農薬，添加物，有害微生物等の危害（ハザード）はきわめて多岐に影響することから，それら全てのリスクを最終製品のサンプル調査により判定するという従来の「結果管理」手法では，経費や所要時間の面からも不合理なことが明らかであり，HACCPのような「工程管理」の方が優れていることが評価されるに至っている．

ただし，HACCP手法は，食品の品目やその工程によって適用条件が異なり，個々の対象ごとに適した手法を策定する必要がある．すなわち，1993年に公表されたCodex委員会（消費者の健康の保護と食品の公正な貿易の確保を目的として設置された国際的委員会．各国政府ベースのメンバーにより国際食品規格等を検討）の「HACCPシステム適用ガイドライン」に示されている7原則12手順が国際的にコンセンサスを得られたものでる（表5-1）．

国際的な動向としては，平成5年（1993年）に，EUにおいて，全食品についてHACCPの全面義務化による適用の指令が出され，その後アメリカ，カナダ等においても，個別品目を対象に義務化された．

わが国では平成7年（1995年）に食品衛生法の改正により，必要かつ可能な品目を対象に，「総合衛生管理製造過程」としてそれまでの一律基準の例外規定として任意に適用される形で導入された．

5・1・5　GAP

GAP（Good Agricultural Practices；適正農業規範）は，HACCP的管理手法を農業分野に適用した手法である．

農業分野における安全性の確保の重要性は，

表5-1　HACCPシステム適用ガイドライン（1993年Codex規格委員会採択）

手順	ガイド内容
1	HACCPチームの編成
2	製品の安全性に関する情報について記述
3	意図される製品使用方法の確認
4	製造工程一覧図．施設の図面及び標準作業手順書の作成
5	手順4の文書等の現場での確認
6	原則1：危害分析［HA］
7	原則2：重要管理点［CCP］の設定
8	原則3：管理基準の設定
9	原則4：モニタリング方法の設定
10	原則5：改善措置の設定
11	原則6：検証方法の設定
12	原則7：記録の維持・管理方法の設定

BSE問題やかいわれ大根のO-157事件等を契機として，急激に求められることとなった．

また，消費者の農業分野における最大の不安内容は「残留農薬」である．残留農薬については「残留農薬基準」が義務づけられているが，500種以上に及ぶ残留農薬のチェックを，製品のサンプル検査で行うことは，時間・経費面からも実質不可能である．すなわち，これまでの「結果管理」方式よりも，生産工程の各段階をチェックリスト等により確実に確認していく「工程管理」方式を導入していくことが効果的であるという認識のもとに，取組みが講じられるようになった．

なお，GAPの第三者認証制度としては，わが国の日本GAP協会によるJ-GAPや欧州小売業組合によるGlobal-GAPがある．

5・1・6　ISO 22000

平成17年（2005年）9月，ISO 22000:2005（食品安全マネジメントシステムーフードチェーンのあらゆる組織に対する要求事項）が発行された．同規格は，フードチェーンのあらゆる組織，たとえば農家，食品製造・加工業，卸売市場，外食店，食品販売店といった直接食材や食品を取り扱う組織はもとより，間接的に関わる組織（肥料や農薬に関する企業，食品の容器包装企業，食品企業対象の洗浄業等）も対象とし，全ての組織にとって食品安全を遵守するのに必要な要求事項を規定した国際規格である．

ISO規格は，政府が介入しないいわゆる非政府組織の国際標準化機構（International Organization for Standardization）のもとでの規格であり，規格そのものが義務や強制的な機能を有しているわけではないが，同機構には，先進国を除く加盟国の大半が政府機関が直接加盟しており，特に国際貿易上で影響力を有しており，第三者認証が可能な制度となっている．

ISO 22000は，要求事項を満たしていることを個別組織が自己宣言することも可能であるが，第三者認証を取得しようとする場合には認定機関（わが国の場合，（財）日本適合性認定協会）が認定した認証機関（複数あり）に申請し審査を受けて登録することとなる．

同規格には図5-2に示すように，農業分野におけるGAPや製造分野に当たるGMP（5・1・3参照）のようにフードチェーンの各段階における衛

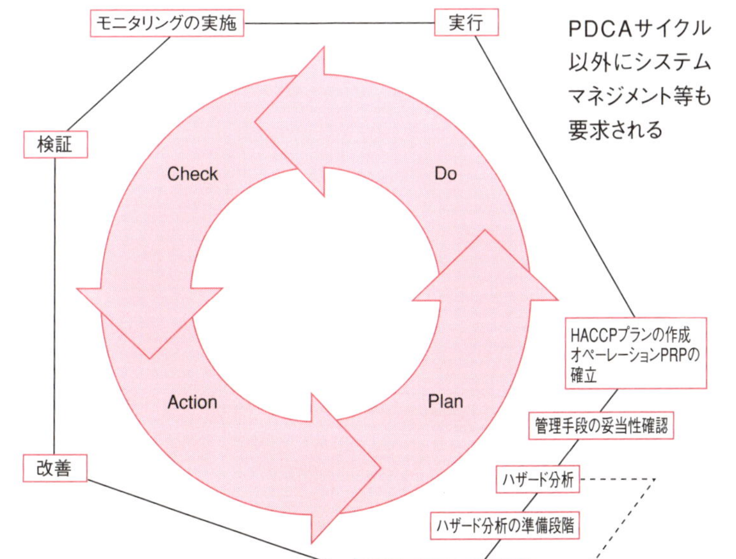

図5-2　ISO22000のイメージ

生環境の維持に必要な基本的条件や活動に該当する前提条件プログラム（PRP；Prerequisite Program）を前提として，HACCPプラン又はオペレーションPRP（危害分析（HA）を踏まえて明確にされたPRP）といった管理手段を用いることとなっており，Plan→Do→Check→Action→PlanといったPDCAサイクルを回すことにより，その組織に最も適したマネジメントを確立するものである．また，同規格では，こうした管理手段のみならず，食品安全に関しての経営者の責任や権限の明確化を求めるとともに，組織の外部（規制当局等）及び内部における所要のコミュニケーション等も要求している．すなわち，内部コミュニーケーションの不十分さ等により不正な食品表示等が生じやすい組織体質を，外部機関による認証チェックの過程を通じて是正することができるといった活用法もある規格となっている．

5・1・7　食品トレーサビリティ

近年のようにフードチェーン間のリレー方式による食品の提供体制が進むと，事故が発生した場合，その原因究明や不適正製品の回収（リコール）を迅速に行うことにより，被害の拡大を最小限にすることが可能となる．食品のトレーサビリティはこうした機能を発揮するためのシステムである．

すなわち，Codex委員会（2004年）の定義によれば「生産，加工及び流通の特定の一つ又は複数の段階を通じて，食品の移動を把握できること」となっている．なお，ここでいう「移動を把握できる」とは，消費者に渡るまでの流通経路を「追跡」と，製造や原材料に流通経路を遡る「遡及」の両方を意味する．また，トレーサビリティは，安全対策ではなく，対象とする食品に関連する情報と移動を把握できることにより，より一層の安心や信頼の確保に役立つこととなる．

以上，食品の安全・安心（信頼）に関する手法・規格・制度についての分類と全体の体系を示す（表5-2，図5-3，図5-4）．

5・1・8　わが国における食品安全性確保関係の法体系

わが国における食品の安全確保のためには，平成15年（2003年）に制定された食品安全基本法を基本として種々の個別法令によって施策が講じられている．

食品安全基本法には，食品の安全性の確保を総合的に推進するという同法の目的を達成するため，①国民の健康保護が最も重要という基本的認識（法第3条），②食品供給行程の各段階における適切な措置（法第4条），③科学的知見に基づく措置による国民の健康への悪影響の未然防止（法第5条）を基本理念として位置づけている．

このうち②の食品供給工程における食品関連事業者に関しては，食品の安全性の確保について第一義的責任を有していることを認識して必要な措置を適切に講ずる「安全対策」とともに，正確かつ適切な情報の提供（安心対策）に努めなければならない責務も有することとされている（法第8条）．

一方，平成11年（1999年）には，食料の安定供給の確保，多面的機能の発揮，農業の持続的な発展及び農村の振興を基本理念とした「食料・農業・農村基本法」が制定された．また，この法律に示されている基本理念や施策の基本方向を具体

表5-2　食品の安全・安心に関する手法・規格・制度の分類

内容	区分	主な例
管理手法に関するもの	安全管理手法	HACCP，GAP，GMP，TQC等
	安心（信頼）情報管理手法	トレーサビリティシステム等
規格・基準（制度）に関するもの	政府主導の規格・基準	Codex，JAS法に基づくJAS規格，製造流通基準，衛生規範，食品衛生法に基づく総合衛生管理製造過程，残留農薬基準等
	非政府主導の規格・基準	ISO（9000シリーズ，22000等），JGAP，GLOBAL-GAP等

化するため，食料・農業・農村基本計画が閣議決定された．この計画における「講ずべき施策」として食品の安全・安心に関する具体的内容が盛り込まれている．計画は，社会情勢の変化等に応じて見直されることとなっており，平成22年（2010年）3月に見直された計画では，「後始末より未然防止」の考え方を基本として，国産農林水産物や食品の安全性を向上させるとともに，リスク評価

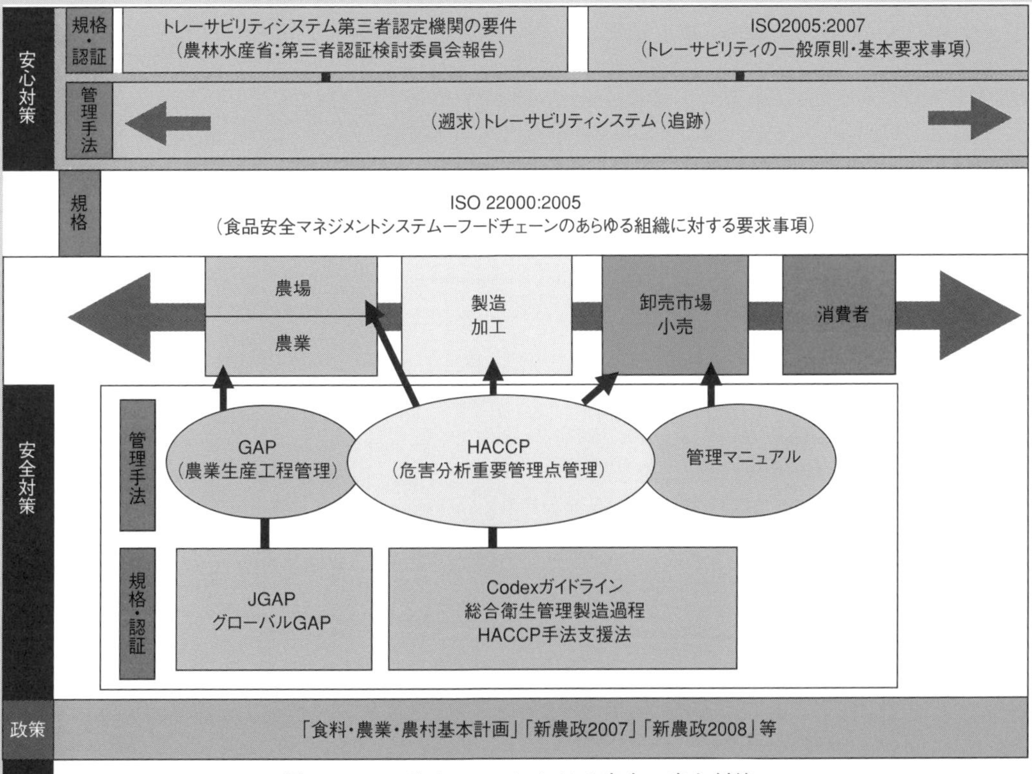

図5-3　フードチェーンにおける安全・安心対策

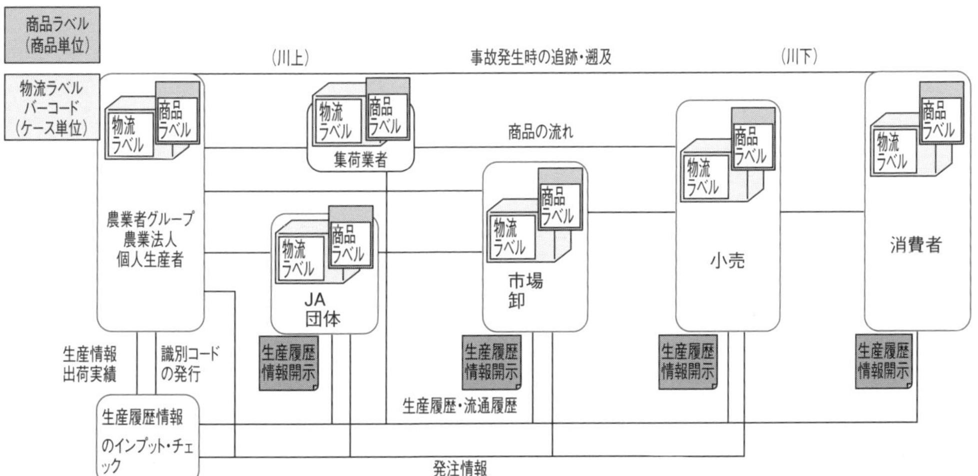

図5-4　トレーサビリティの仕組み

機関の機能強化や，リスク管理機関を一元化した「食品安全庁」について，関係府省の連携のもとで検討を行うこととしている．また，具体的取組みとして以下のものをあげている．

1）生産段階における取組み

食品安全に加え，環境保全，労働安全分野を対象とするGAPの推進について，その共通基盤づくりとともに，産地におけるさらなる取組みの拡大と取組内容の高度化を推進する．

2）製造段階における取組み

HACCPについて，「HACCP手法支援法」に基づく長期低利融資に加え，食品の製造実態に応じた低コストで導入できる手法を構築し普及するとともに，現場責任者等の養成のための取組みを強化する．

3）輸入に関する取組み

輸出国政府との二国間協議や在外公館を通じた現地調査等の実施，情報等の入手のための関係府省との連携の推進，監視体制の強化等により，輸入食品の安全性の確保を図る．

4）流通段階における取組み

食品に係るトレーサビリティについて，「米穀等の取引等に係る情報の記録及び産地情報の伝達に関する法律」に基づき，取引等の記録の作成・保存の義務化を内容とするトレーサビリティ制度の導入を円滑に進める．さらに，米穀等以外の飲食料品についても，入出荷記録の作成・保存の義務付け等について検討する．

一方，食品安全基本法の制定を踏まえて食品衛生法が，①国民の健康の保護のための予防的観点に立ったより積極的な対応，②食品等事業者による自主管理の促進，及び③農畜産物の生産段階の規制との連携，という3つの視点により改正された．すなわち，食品の安全性確保のためには，フードチェーン全体を対象に自主的な管理を導入することが有効であるということを示している．

こうした動きは海外でも見られる．EUでは2006年から新規制が導入され，それまで独自基準であったHACCPがCodexガイドラインに準ずることになるとともに，フードチェーン全体での対応の必要性が明記され，付属書［ANNEX］に一次生産物及び関連作業に関する一般衛生提言も示された．

5・2 食品表示に関する制度

5・2・1 食品表示に関する法体系と経緯

食品表示に関する規制や基準は，これまでその目的によって食品衛生法，農林物資の規格化及び品質表示の適正化に関する法律（JAS法）並びに不当景品類及び不当表示防止法（景品表示法）を中心に，その他健康増進法，計量法等いくつかの法律によって規定されてきた．

また，これら表示制度は，社会情勢や消費者ニーズ等の変化に対応して改正されてきた．

しかし，平成21年（2009年）に消費者庁が設置されたことにより，それまで複数の省庁が所管してきた各種の食品表示法令が，同庁の所管として一元化された．これを踏まえ，それまでの食品衛生法，JAS法及び健康増進法の個別法における食品表示関係の規定を一元化した食品表示法が平成24年（2012年）6月に制定された（図5-5）．

5・2・2 生鮮食品と加工食品の表示区分

これまでの法制度においては，生鮮食品と加工食品の定義が個別法によって異なっていた．例えば，天日干し乾燥果実は，食品衛生法では生鮮食品，JAS法では加工食品となっていた等であるが，食品表示法の制定により統一され，これまでのJAS法の定義に基づくこととなった．具体的には，製造又は加工に該当するものは加工食品，調整又は選別に当たるものは生鮮食品となる．ただし，生鮮食品，加工食品のいずれを問わず，これまでの食品衛生法の表示義務が課されている．

5・2・3 生鮮食品の表示

一般消費者に販売されている農産物，畜産物，水産物，精米等全ての生鮮食品には，名称と原産地の表示が義務付けられている．この他に，個々の品目の特性に応じて個別の食品表示基準が課せられている．

5・2・4 加工食品の表示

一般消費者に販売されている加工食品には，名称，原材料名，内容量，賞味期限，保存方法，製

食品衛生法（条文数：81）	JAS法（条文数：64）	健康増進法（条例数：66）	新食品表示法
目的 飲食に起因する衛生上の危害を防止し，国民の健康の保護を図る	目的 農林物資の品質の改善，生産の合理化，取引の単純公正化及び使用又は消費の合理化を図るとともに，農林物資の品質に関する適正な表示を行わせることによって一般消費者の選択に資する	目的 国民の栄養の改善その他の国民の健康の増進を図るための措置を講ずることにより，国民保健の向上を図る	
○販売の用に供する食品等に関する表示についての基準の策定及び当該基準の遵守（第19条）等（関係する条文数：15）	○製造業者が守るべき表示基準の策定（第19条の13）○品質に関する表示の基準の遵守（第19条の13の2）等（関係する条文数：14）	○栄養表示基準の策定及び当該基準の遵守（第31条，第31条の2）等（関係する条文数：7）	○目的 ○定義 ○表示基準策定手続等（栄養表示の義務化を追加） ○是正措置 ○調査権限 ○申出（※） ○権限の委任 ○罰則
○食品，添加物，容器包装等の規格基準の策定，規格基準に適合しない食品等の販売禁止　等 ○都道府県知事による営業の許可　等	○日本農林規格の制定 ○日本農林規格による格付　等	○基本方針の策定 ○国民健康・栄養調査の実施 ○市町村等による生活習慣相談及び保健指導の実施等 ○受動喫煙の防止 ○特別用途表示の許可　等	

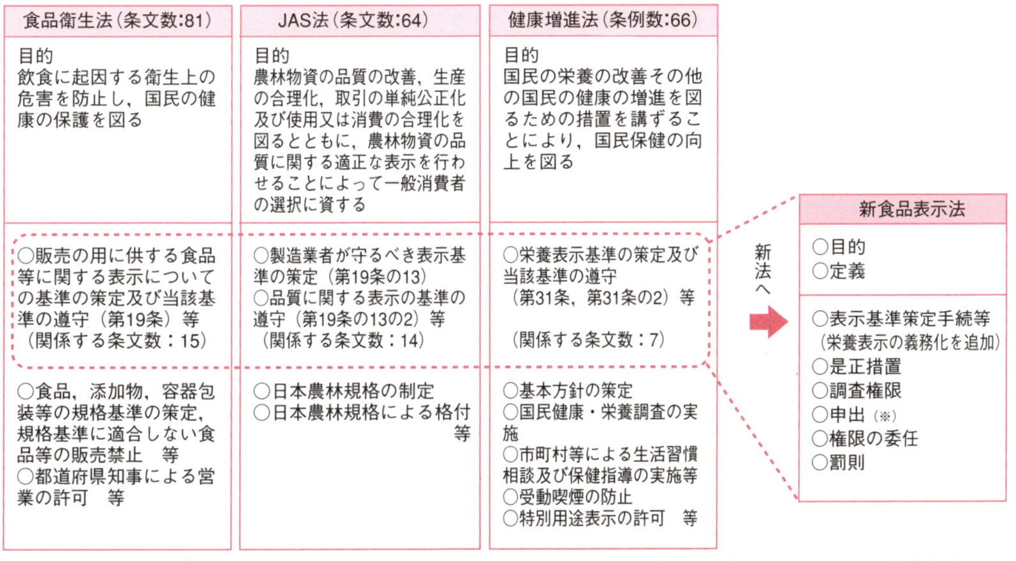

（※）申出制度については，現行ではJAS法のみ規定されている．　　消費者庁HPより

図5-5　食品表示関連法一元化のイメージ

造者等が表示されている．輸入品には原産国名や輸入者等，一部の加工食品は原料原産地名も表示されている．この他，個々の品目の特性により，表示されている事項がある．

原材料は食品添加物とそれ以外の原材料に区分され，原則として使用した全ての原材料が記載されている．原材料の中でアレルギー物質を含む食品が使用されている場合には，その旨が記載されている．

食品添加物以外の原材料は，最も一般的な名称で，使用した重量の多い順に記載されている．

5・2・5　栄養成分表示

食品表示法の制定に伴い，同法の施行後5年を目途に，原則すべての加工食品に栄養成分表示が義務化されることとなった．義務対象成分等は，

表5-4　アレルギー表示対象物質（平成27年1月現在）

		対象物質
特定原材料	必ず表示される7品目	卵・乳・小麦・えび・かに・そば・落花生
特定原材料に準ずるもの	表示を奨められている20品目	あわび・いか・いくら・オレンジ・カシューナッツ・キウイフルーツ・牛肉・くるみ・ごま・さけ・さば・大豆・鶏肉・バナナ・豚肉・まつたけ・もも・やまいも・りんご・ゼラチン

表5-5　遺伝子組換え表示の対象となる農産物及びその加工食品

義務表示の対象となる食品	
農産物8作物 大豆（枝豆，大豆もやしを含む），とうもろこし，馬鈴薯，なたね，綿実，アルファルファ，てん菜，パパイヤ	
加工食品33食品群	
1　豆腐・油揚げ類	18　ポップコーン
2　凍り豆腐，おから及びゆば	19　冷凍とうもろこし
3　納豆	20　とうもろこし缶詰及びトウモロコシ瓶詰
4　豆乳類	21　コーンフラワーを主な原材料とするもの
5　みそ	22　コーングリッツを主な原材料とするもの（コーンフレークを除く）
6　大豆煮豆	23　とうもろこし（調理用）を主な原材料とするもの
7　大豆缶詰及び大豆瓶詰	24　16から20を主な原材料とするもの
8　きな粉	25　冷凍ばれいしょ
9　大豆いり豆	26　乾燥ばれいしょ
10　1から9を主な原料とするもの	27　ばれいしょでん粉
11　大豆（調理用）を主な原料とするもの	28　ポテトスナック菓子
12　大豆粉を主な原料とするもの	29　25から28を主な原材料とするもの
13　大豆たん白を主な原材料とするもの	30　ばれいしょ（調理用）を主な原材料とするもの
14　枝豆を主な原材料とするもの	31　アルファルファを主な原材料とするもの
15　大豆もやしを主な原材料とするもの	32　てん菜（調理用）を主な原材料とするもの
16　コーンスナック菓子	33　パパイヤを主な原材料とするもの
17　コーンスターチ	

＊加工食品については，その主な原材料（全原材料に占める重量の割合が上位3位までのもので，かつ原材料に占める重量の割合が5%以上のもの）について表示が義務づけられている．

表5-6　従来のものと組成，栄養価等が同等の遺伝子組換え食品の表示

表示義務	表示内容	対象
義務表示	「大豆（遺伝子組換えものを分別）等）」	分別生産流通管理が行われた遺伝子組換え農産物を原材料とする場合
	「大豆（遺伝子組換え不分別）等）」	遺伝子組換え農産物と非遺伝子組換え農産物が分別されていない農産物を原材料とする場合
任意表示	「大豆（遺伝子組換えでないものを分別）等）」	分別生産流通管理が行われた非遺伝子組換え農産物を原料とする場合

エネルギー，タンパク質，脂質，炭水化物及び食塩相当量であるが，このうち，食塩相当量は，これまでナトリウムとして表示されていたもので，消費者によりわかりやすい表現となった．なお，任意ではあるが，飽和脂肪酸と食物繊維が表示を推奨する対象となっている．また，食品に含まれている栄養成分・熱量の量の高・低を強調して表示する場合には，含有量が一定の基準を満たすことが義務付けられている．この強調表示の基準とは，食物繊維，カルシウム等について「高」「含有」等表示する場合や，熱量，脂質，コレステロール等について「無」「低」等を表示する場合に満たしていなければならない基準のことをいうが，一部の栄養成分等について，低減又は強化された旨の表示をする場合には，新たに，これまでの絶対差に加え，原則25%以上の相対差が必要となった．

5・2・6　アレルギー表示

近年，乳幼児から成人に至るまで，特定の食物が原因でアレルギー症状を起こす人が増えている．最も激烈なアナフィラキシーショック（全身発赤，呼吸困難，血圧低下，意識消失等の症状が現われて，対応が遅れるとまれに死に至る）も年々増加している．そこで平成14年（2002年）4月から，アレルギーを起こしやすい物質を加工食品に表示することが義務付けされた．アレルギー表示対象物質を示す（表5-4）．これらが食品の原材料中に含まれる場合には，（原材料の一部に○○由来原材料が含まれます）という旨の表示が行われる．食物アレルギーは，極微量でも発症することから，加工食品1kgに対して数mg以上の場合，表示することとされる．

5・2・7　有機食品の表示

有機農産物と有機農産物加工食品については有機JASマークが付けられたものでなければ「有機」，「オーガニック」等と表示できない制度となっている

有機農産物とは，種播き又は植え付け前2年以上，禁止されている農薬や化学肥料を使用しない田畑で生産すること，遺伝子組換え由来の種苗は使用しないこと，及び原則として農薬・化学肥料を使用しないで栽培することを条件としている．

また，有機畜産物とは，飼料は主に有機農産物を与えること，野外への放牧等ストレスを与えずに飼育すること，抗生物質等を病気の予防目的で使用しないこと，及び遺伝子組換え技術を使用しないことを条件としている．

有機加工食品とは，原材料には主として有機農産物・有機畜産物・有機加工食品を使用，加工時には主として物理的・生物的方法を用い食品添加物や薬剤の使用は避ける，及び薬剤により汚染されないよう管理された工場で製造することを条件としている．

5・2・8　遺伝子組換え食品の表示

遺伝子組換え食品は，安全性が確認された農産物及びこれらを主な原材料とする加工食品のうち，表5-5に示した食品について，「遺伝子組換え食品」である場合には，その旨を表示することが義務づけされている．表示方法は，表5-6の通りである．

1）従来のものと組成，栄養価等が同等なもの（除草剤の影響を受けないようにした大豆，害虫に強いとうもろこし等）

①農産物及びこれを原材料とする加工食品であって，加工後も組換えられたDNA又はこれらによって生じたタンパク質が検出できるとされているもの（表5-5に掲げる食品群）

②組換えられたDNA及びこれらによって生じたタンパク質が，加工後に検出できない加工食品（大豆油，しょうゆ，コーン油，異性化液糖等）は「大豆（遺伝子組換え不分別）等」や「大豆（遺伝子組換えでないものを分別）等」（任意表示）と表示．

2）従来のものと組成，栄養価等が著しく異なるもの（高オレイン酸大豆等）は「大豆（高オレイン遺伝子組換え）等」（義務表示）と表示．

5・3　JASマーク制度

食品の表示制度は，食品の供給側から消費者に必要な情報を伝える有効な手段であるが，表示以外の制度として，たとえ専門的知識を知らない人でも添付されているマークさえ見ればその製品の品質等が保証されていることが判るというJAS規格制度も重要な位置付けとなっている．JAS規格は，①原材料や色つや等の品質の基準である「一般JAS」と②作り方についての基準である「特定JAS」とに区分される．有機農産物のJAS規格や生産情報公表のJAS規格は特定JASの一つである．現在JASマークは5種類に区分されている（表5-7）．

表5-7　JASマーク一覧

JASマーク	名称	詳細
	一般JASマーク	色，香りといった品位，原材料といった成分等，品質についてのJAS規格を満たす食品や林産物などに付される．
	特定JASマーク	一定期間以上の熟成（熟成ハム）等，特別な生産方法，特色のある原材料についてのJAS規格を満たす食品に付される．
	有機JASマーク	農薬や化学肥料に頼らず栽培された農産物等，有機JAS規格を満たす食品や飼料に付される．
	生産情報公表JASマーク	生産情報（給餌情報や動物用医薬品の使用情報等）が公表されている牛肉，豚肉，農産物，養殖魚等に付される．
	定温管理流通JASマーク	流通方法に特色があり，通常の流通方法に比べて価値が高まると認められる食品に付される．

＜コラム＞この食品は「生鮮食品」？それとも「加工食品」？

食品の表示は，「生鮮食品」と「加工食品」とでは規制内容が異なります．例えば「加工食品」には，消費期限又は賞味期限といった期限表示が義務付けされています．

では，次の食品は，「生鮮食品」，「加工食品」どちらでしょう？

①キャベツ丸ごと　②キャベツの千切り　③キャベツの千切り＋赤キャベツの千切り　④キャベツ千切り＋カットレタス　⑤メバチマグロ赤身　⑥メバチマグロ赤身＋メバチマグロ中トロ　⑦メバチマグロ赤身＋みずだこ(生)　⑧牛ロース＋牛カルビ　⑨牛ロース＋豚ロース　⑩牛ロース＋牛塩タン

＜正解＞「生鮮食品」：①～③，⑤，⑥，⑧　その他は「加工食品」（同種混合は「生鮮食品」，異種混合や加工食品を混合した場合は「加工食品」）

6

新しい加工食品と技術

6章　新しい加工食品と技術

熱風乾燥や加熱殺菌は，古くから使用され，また現在も信頼のある技術として使用されているが，製品の品質をもっと向上させるため凍結乾燥が普及し，また非加熱殺菌が開発されている．ここでは最近の技術の進歩を踏まえて説明する．

6・1　新しい食品加工と技術の動向

過去50年にわたって，真空濃縮法，凍結濃縮法，噴霧乾燥法，真空凍結乾燥法，バイオリアクター，膜分離法，二軸エクストルーダー，遠赤外線加熱等多くの食品加工技術が開発され，改良が加えられ現在に至っている．

また，保蔵・殺菌技術では，牛乳の熱交換器による瞬間加熱殺菌に始まり，低温凍結技術の進歩，各種包装材料・技術の進歩を背景に食文化も大きく変化してきた．

新しい食品の加工技術について装置とシステムについて分類して示す（表6-1）．

表6-1　新しい食品加工技術

技術の名称	内容	加工食品例
1　装置		
超高圧技術	5000気圧以上の圧力で食品を殺菌 例）越後のごはん（超高圧殺菌）	ジャム等液状食品
超臨界流体抽出	臨界点を超えた状態のCO_2で食品を処理 例）卵黄からコレステロール除去	脱カフェインコーヒー，ホップ
ジュール加熱	通電による自己加熱技術 例）果実ジュース（加熱時間を1/10に短縮）	みそ，すり身の迅速加熱
凍結技術	急速凍結・粉砕等による高品質化	コーヒー，茶の粉末
真空技術	真空濃縮・加工・調理等による高品質化	野菜，調理食品
膜分離技術	UF膜による液体成分の分離・精製	チーズホエー，ジュース濃縮
エクストルージョン・クッキング	エクストルーダー中での加工	ペットフード，かにかま
非加熱殺菌技術	化学薬品，電解水，オゾン，紫外線等	生鮮食品
2　システム		
バイオリアクター	酵素の固定化による反応の連続化 例）トレハロース（でんぷんからの直接製造法）	アミノ酸，異性化糖， サイクロデキストリン
遺伝子組換え技術	アミノ酸，酵素，調味料等に応用	抗アレルギー食品の開発
メタン醗酵法	食物残渣からのエネルギー回収	
工程のロボット化	包あん機，すしロボット，鶏肉自動脱骨機等	
無菌包装技術	食品の衛生と保存性向上	

6・2　新しい加熱技術

加熱処理は，食品の加工において非常に重要な単位操作のひとつである．加熱により食品中の成分を変化させ可食状態にし，さらに，微生物等の危険因子を不活化する等の効果がある．また，乾燥やレトルト等の操作にも加熱処理は不可欠である．

古来より加熱処理といえば，外部からの熱による伝熱加熱が用いられているが，周囲への排熱や温度制御，加熱むら等の問題もあり，より環境対応型の省エネルギーな加熱プロセスが開発されている．

ここでは，食品の品質向上や環境対応の見地から，食品製造への利用が増加すると思われる新しい加熱処理技術について説明する．

6・2・1　内部加熱型

1）マイクロ波加熱

電磁波のエネルギーを利用した加熱方法のひとつで，食品用としては915MHz（波長32.8cm）と2450MHz（波長12.2cm）のマイクロ波が使用されている．食品をマイクロ波電場に置くと，水等の低分子物質の極性分子が電場に配向しようとして激しく回転・振動し，その摩擦熱によって食品自体が自己発熱することを利用した加熱方法である．マイクロ波の使用は国際電波法の規制を受けるため，上記の2つの波長に限って使用が認められている．いわゆる電子レンジは，この加熱方法を利用した装置である．食品の形状や大きさに制約を受けないこと，食品の内部および外部すべてが同時に熱を発生するため，ほぼ均一な加熱を達成することがこの処理の特徴である．食品原料の殺菌・酵素失活をはじめ，各種素材の膨化乾燥処理，フライ食品の最終乾燥工程，凍結乾燥の加熱促進，冷凍食品の急速解凍等にも用いられている．内部から急激に温度が上昇するため，デンプン性食品等が加熱後急速に老化してしまう欠点もある．

2）通電加熱

食品を電極ではさみ電流を流して，材料自体の電気抵抗により発熱させる加熱方法（ジュール加熱）で，電気を用いる加熱方法の中で最もエネルギー効率が高い．迅速で均一な加熱が達成でき，大量・連続的な処理が可能であり，温度制御が正確で容易に行える特徴がある．この加熱技術は古く，戦時中のパンの焼成にも使用されていた．近年そのエネルギー効率の良さが見直され，また，チタン電極を用いる等の改良により，パン粉，豆腐，味噌等の製造，殺菌処理に使用されている．

通常の商用電源（100V，50/60Hz）のみならず，数十kHzの高周波を通電することにより誘電損失による熱が発生し（誘電加熱），電気抵抗の大きい材料でも通電加熱処理をすることが可能となる．

6・2・2　外部加熱型

1）過熱水蒸気処理

過熱水蒸気とは図6-1（139頁）に示すように，飽和水蒸気を加熱装置で100℃以上の温度にしたものである．その特徴として，①熱伝達速度が速い，②凝縮と乾燥のプロセスが同時に進行する，③殺菌効果が高い，④酸素のない状態で処理ができる等が挙げられる．食品の加工に用いた場合，焼成や湿潤な加熱が可能となり，例えば，全体的に均一な焦げ目を付け，塩分や油分等を洗い流す等，水蒸気の凝縮に起因する特徴的な加工特性があり，製品のテクスチャーや色調，香り，成分変化等が空気中の場合とは異なる．

2）電磁加熱

磁力発生コイルに高周波電流を流通して磁力線を発生させ，磁性体（鉄製の鍋等）を通過する際に発生する渦巻き電流により，磁性体自体の電気抵抗により発熱することを利用した加熱方法である．鍋自体が発熱するため熱効率がよく，従来のガスや電気コンロによる加熱よりも省エネルギーで，火事や中毒のない安全な加熱方法である．

6・3　新しい殺菌技術

微生物による食品の劣化は，食品の保存中に最も起こりやすく，食品成分を分解し腐敗させ，外観も損なわれる．また，病原性の微生物に汚染された場合は，食品成分の分解は少なく外観にも大きな変化が見られないことが多く，食品の安全性の観点から，最も危険な劣化といえる．

前項でも述べた加熱による殺菌処理が一般的に行われているが，ここでは近年注目されている，加熱を伴わない新しい殺菌技術について，説明する．

6・3・1　圧力による殺菌

水を圧力媒体とし，材料を2,000～6,000気圧に加圧して処理することを高圧加工という．加熱処理を行わずに成分の物性を変化させることができ，また，殺菌や酵素反応の制御を行うことができる．しかし，この方法は細菌胞子の殺滅が困難であり，また，連続処理ができないこと等，加圧装置や生産コストの点で課題を残している．

6・3・2　二酸化炭素による殺菌

二酸化炭素の抗菌性を利用して殺菌を行う方法で，加圧するとその効果は増大する．また，二酸化炭素は臨界点（圧力7.3MPa，温度31℃）以上で超臨界状態となり気体と液体の中間的性質をもつが，この状態になると殺菌効果が急激に増大する．液状食品を処理する場合，超臨界二酸化炭素をミクロバブルにして溶存濃度を上昇させ，殺菌処理をする方法が実用化されている．

6・3・3　電磁波による殺菌

紫外線や放射線により殺菌を行う方法．わが国で食品の殺菌処理で放射線の照射が許可されているのは，ジャガイモの発芽防止の目的のみである．近年，ガンマ線よりも物質浸透距離の短い電子線を使用した殺菌が開発されている．電子線は人工的に得られる放射線で，殺菌作用はガンマ線と本質的に同じである．物質透過深度は50～100μm程度であるため，食品表面の殺菌に限定されるが，品質劣化が少なく，乾燥食品等の殺菌への利用が期待されている．

また，高電圧パルス波を使用した殺菌も開発されている．10kV/cm以上の高電圧パルス波を数μ秒オーダーで照射すると，カビや酵母，細菌の細胞膜を破壊し殺滅することができる．殺菌効果は印加電圧に依存し，パルス処理のため食品の品質劣化が少ない．

6・3・4　新しい化学的殺菌

金属酸化物やセラミックスによる殺菌は，日用品や建築材料，各種プラスチック製品等へ応用開発されている．特に，銀置換ゼオライトは食品の包装材料等に添加されて利用されており，その殺菌効果には銀イオンの酵素阻害作用等のほか，活性酸素の発生による効果も大きいとされている．

イオン交換膜で陰極と陽極を仕切った電解層を用い，0.1～1%程度の食塩水を電気分解した時に陽極側から得られるものを一般に酸性電解水といい，pH2.7以下で酸化還元電位が1,000mV程度であり，次亜塩素酸より低い有効塩素濃度ながら殺菌効果はそれより強大である．毒性の心配がなく容易に使用できるため，食品関連施設での利用が普及しつつある．

6・3・5　凍結殺菌

細菌を冷凍処理した場合，その冷凍・解凍速度により氷結晶の大きさや成長の度合いが異なるため，死滅挙動が異なる．例えば，緩慢な冷凍では，細胞の外側でゆっくりと氷結晶が成長し，細胞の脱水現象が起こり細菌は死滅する．また，急速な凍結では，細胞内に微細な氷結晶が形成されるが，緩慢な解凍により細胞内氷結晶が成長肥大化し，細胞膜が破壊される．界面活性剤やアルコールの共存下で凍結させると，凍結殺菌の効果は大きくなるとされている．

6・4　新しい濃縮技術

食品の主要成分は，五大栄養素としてタンパク質，脂質，炭水化物，ビタミン，ミネラルが知られており，最近は繊維質を加え六大栄養素ともいわれている．しかし，動植物から成る食品にはかなりの量の水が存在するために，微生物や酵素による腐敗や変敗が生じ可食性を失う．

最も古い食物の加工法はおそらく「乾燥」である．人間が動物や植物である食物を手にした時から，余った食物を後日食べるため日干しにして保存した．以来，今日まで色々な食品加工の技術が考案され，現在の加工食品の恩恵を私達は受けている．食品加工の原点ともいうべき乾燥技術の変遷は，この水分をどのように取り除くかということである．食品を太陽に干し乾燥させ長く保存することから始まり，その方法も天候の影響を受けないこと，作業は効率よくとか，元の状態を保つためにとか等色々工夫してきた．単位操作で大別すると，濃縮・乾燥・分離・蒸留等があり原理や装置の違い，食べ物が液状か固体かによりさらに細分化され色々な方法が考案されてきた．その進歩は，水の特性に着目するとともに機械の開発と並行して行われてきた．

水の三態である氷，水，水蒸気における温度や圧力や電気的性質等を利用し，水分を食品から取り除く方法が生み出され，効率の改善，出来上がり品質の向上，環境負荷の低減を視野に入れての開発が行われてきた．

水分を蒸発させ乾燥する加熱乾燥には，熱源の違いで火加熱，マイクロ波加熱，遠赤外線加熱，油熱乾燥等がある．気圧を低くして水分を蒸発しやすくする真空フライ，霧状にして行う噴霧乾燥がある．また，水分を氷結させて取り除く凍結濃縮，昇華させる凍結乾燥，膜利用のろ過等いろいろな水分の除き方がある．

食品加工操作の中で，濃縮や乾燥等の脱水操作の占める割合は極めて大きなものがある．脱水の意義として近年，エネルギーの節約，製品形態への配慮，構成成分の維持等新しい側面が現れてきたが，その最大の目的は保存性の確保である．食品から水分を除くことは，人類の歴史の初期から常に重要な課題であった．

「濃縮」は液状食品から水分をある程度除いて高濃度の状態にし，水分活性を高め，腐敗しにくくし，減容して運搬をしやすくする等のために行う操作である．

北極や南極で海水が冷やされて氷ができる時，氷の結晶中の原子間距離は他の分子より短く溶

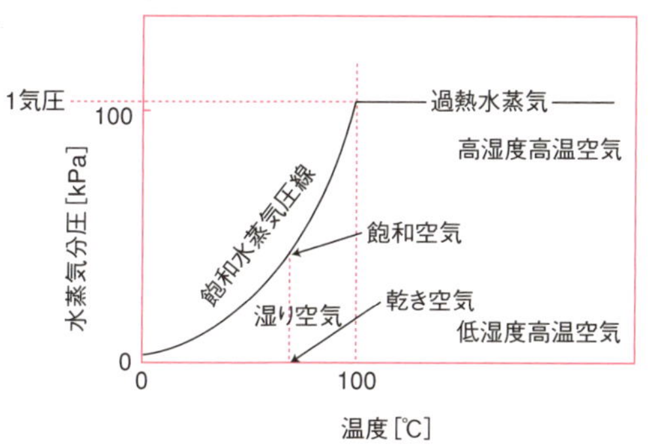

図6-1　飽和水蒸気圧曲線と空気中の水分

質（塩）は，その中には溶け込みにくくなるため真水の氷ができる（図6-2）．また未凍結液中には溶質が濃縮される．凍結濃縮の技術はこの現象に基づいた低温での固液間の水分移動操作で，他の濃縮操作（蒸発，膜および電気透析法）に比べ溶質成分の均一な濃縮が可能で，低沸点物質（香味成分やアルコール等）の保持及び溶質（タンパクや炭水化物等）の熱変成劣化が起こりにくい，また，処理エネルギーが少ない（凝固潜熱は蒸発潜熱の約1/7）特性をもち，最も品質のよい濃縮物の得られる技術とされている（図6-1, 139頁）．

一方，不純物を含みにくい氷結晶に着目して凍結濃縮を排水処理に応用すれば，大部分の水分が凍結分離され，最終排出液の減容が可能であり，さらに，氷の冷熱利用や融解水の再利用等の点で環境負荷低減への貢献が期待される．

機械装置の特徴として考えれば，燃焼を伴わないので安全性が高い，低温で処理するため有害および悪臭を放つガスの発生がない，エネルギー効率がよい，食品製造だけでなく廃水処理にも応用できる等の利点がある（表6-2）．

応用例として，果物野菜のジュース濃縮，清酒のアルコール濃縮，廃液の減容等がある．

図6-2　アルフレッド・ヴェゲナー研究所（局地研究所でもある）氷山の絵

表6-2　凍結濃縮の長所

低温濃縮による品質保持
香気成分や旨味等原液成分の濃縮による新商品の開発
減容化による輸送・保管コスト低減
廃液から有効成分の回収
廃液減容化による処理コスト削減

6・5　新しい冷凍技術

水分を除去する方法は，絞ったり，プレスしたり，電気洗濯機のように遠心分離したり，沈澱させて上澄みを取り除く等色々ある.「乾燥」と称する脱水方法は，品物の水分をそのまま除去するのでなく，水蒸気にして追い出す. 含水物中の水分を気化して除去し，より低水分の固形状の物を得る一つの方法である. この乾燥操作に凍結技術を応用した方法がある.

水の性質を考えた時，「水は0℃で氷結し，100℃で沸騰する」というのは不正確である. 水は，1気圧（760mm水銀柱，760Torrまたは101325Pa）の環境下では0℃で氷結し固体となり，100℃で沸騰し気体となる.（Torrは，水銀柱高mmで表した気圧値で，真空度の単位として用いられる.）

お湯を沸かし続けると，ぐらぐらと沸騰するが，その後いくら加熱しても100℃より熱い「水」は作れない. この時，供給された熱は何処へ消えたのか？蒸発潜熱として消費され，水蒸気となって出ていったのである. 富士山頂は気圧が低く約2/3気圧（66661Pa，500Torr），ここでは水は約87℃で沸騰して，それ以上昇温しない. 水を87℃まで熱した後の供給熱は，温度を上げる熱としてではなく，蒸発潜熱として使われ，それが沸騰という蒸発現象をおこす. このように，水は気圧が低いと沸点は下がり，逆に高いと沸点は上がる性質がある.

さらに，水分を含む物質を凍結させた状態（0℃以下）で圧力を著しく減じる（613Pa，4.6Torr）ことにより，氷結した水分が「液体」の状態を経ることなく，「固体（氷）」から一気に「気体（水蒸気）」へ変化する「昇華」という現象が生じる. この現象を利用して，凍結状態の物質から減圧下で水分を取り除く方法を「凍結乾燥」という. 沸点が－20℃～－50℃となるような，低い気圧環境107Pa，0.8Torr～4Pa，0.03Torr（真空室）で，物体を乾燥するため真空凍結乾燥とも呼ばれる（図6-3）.

凍結乾燥の長所は，他の乾燥法と比較し，食品中の氷の昇華によって乾燥が進むため，形態の変化（収縮・きれつ）がなく，新鮮時又は調理時の形態のまま多孔質の乾燥品となる.

昇華促進のため加熱されても，乾燥過程においては0℃以下の低温領域で進行し，終期におい

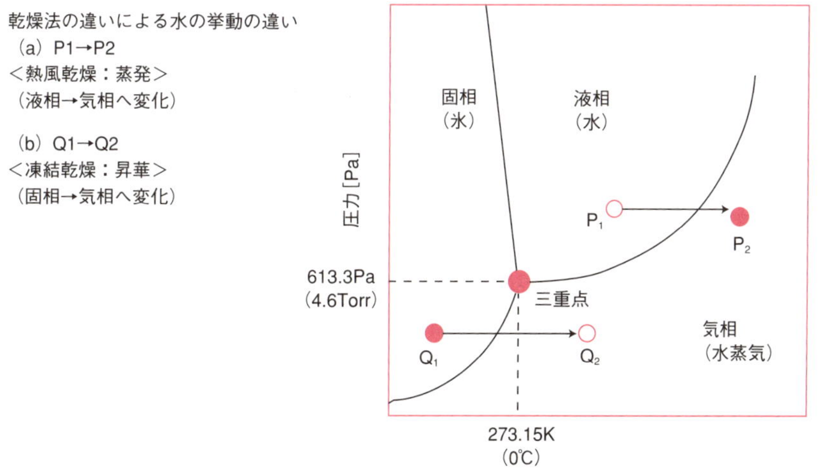

図6-3　純水の3重点近傍におけるフェイズダイアグラム

ても常温に近いため，熱による成分変化が起こらず，色・味・栄養成分等を保持したままの乾燥品となり，復元時にその食品本来の特性が生きる．

食品内部に分布する氷のみが除去されるので，空隙があらゆる所にあるような多孔質に仕上がり，復元に際して水や熱湯が侵入しやすいので，復元性・溶解性が非常に高い．

非常に低水分まで（通常全重量の5％以下で結合水まで除去される）乾燥が行われるので，その状態を維持すれば（厳重な包装で）長期にわたる保管が可能である．しかも，常温の保管が可能である．また，低水分なため，軽量で輸送性が高い．以上のように，凍結乾燥食品は，品質，復元性，嗜好性，貯蔵性，輸送性等の面から見て，いずれも優れた特徴をもっている．

短所としては，乾燥前後の容積の変化が少ないため容積が大きく，包装方法，形態等に注意が必要である．多孔質であり吸湿性が高く，機械的衝撃に脆く壊れやすい．設備面で考えると，冷凍設備，低湿包装設備等機械設備に投資が必要で，初期投資が大きくなる．

又，乾燥に要するエネルギーを考えると，凍結した後乾燥するのでエネルギー消費が大きく，熱風乾燥に比べて，約2倍とされる．また，設備機器が多くなるためメンテナンスコストが高い（表6-3）．

応用例として，フリーズドライ食品，インスタントコーヒー，カップ麺の具等がある．

表6-3　凍結乾燥と加熱乾燥の相違

	凍結乾燥	加熱乾燥
水分除去法	氷のまま融解せず，昇華による 内部から直接気化する	表面からの蒸発による 内部から毛管現象により移動
形状	形状の変化無し．凍結時の形状維持	水分除去により，収縮し表面硬化する
組織	凍結条件により変性あり，多孔質で脆い組織になる	組織は加熱変形し，濃密になり硬化する
成分変化	ほとんど無く，色，香，味，栄養価を保持する	熱により変性や蒸散がある
復元性	復元性や溶解性がよい	収縮硬化により復元性が悪い

6・6　環境への取組み

快適性や利便性を追求する現代の消費生活を続けると，このままではエネルギー消費量が増加し，一般廃棄物の排出量も増大することが懸念されている．これに対応するため食品産業でも，PETボトル等の食品容器・包装のリサイクルの促進，食品産業廃棄物の，発生抑制，資源を節約した商品開発および流通体系の改善が求められている．

以下に，その取組みの課題と開発している技術について示す（表6-4）．

表6-4　食品加工における環境に対する課題とその取組み

取り組んでいる課題	開発している技術
1）現在取り組んでいる課題と技術	
容器・包装のリサイクル	PET，プラスチック，紙等の再生利用技術
	生分解性プラスチック容器の開発
有機性廃棄物処理	汚泥低減できる排水処理技術
	未利用廃棄物から有用物質の回収技術 例）焼酎かすからクエン酸，アミノ酸を含む飲料，醸造酢 例）水産加工排水からアミノ酸液 例）玉葱外皮の乾燥粉末化
	汚泥・生ごみ等の飼料化・堆肥化技術 例）かんきつ類廃棄物からコンポスト化
エネルギー効率の向上	膜技術の利用による省エネ技術
2）将来的に取り組む技術と課題	
廃棄物からエネルギーを生む	植物油の燃料変換技術
	バイオマスエネルギー製造技術
	生分解性プラスチック工業資材への変換技術

7

主な食品の製造工程

7章　主な食品の製造工程

めん類の製造工程

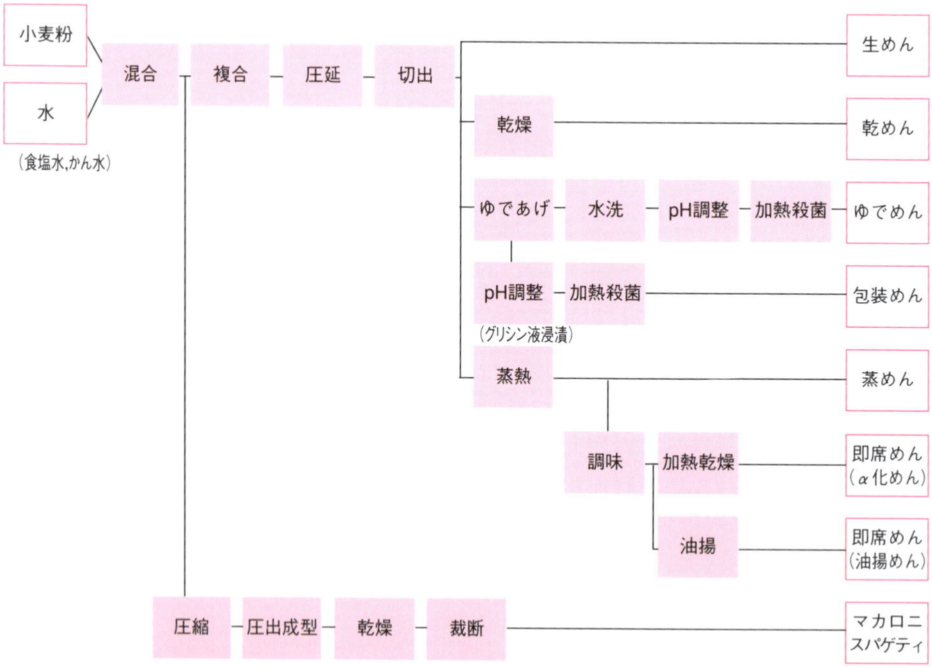

木綿豆腐の製造工程

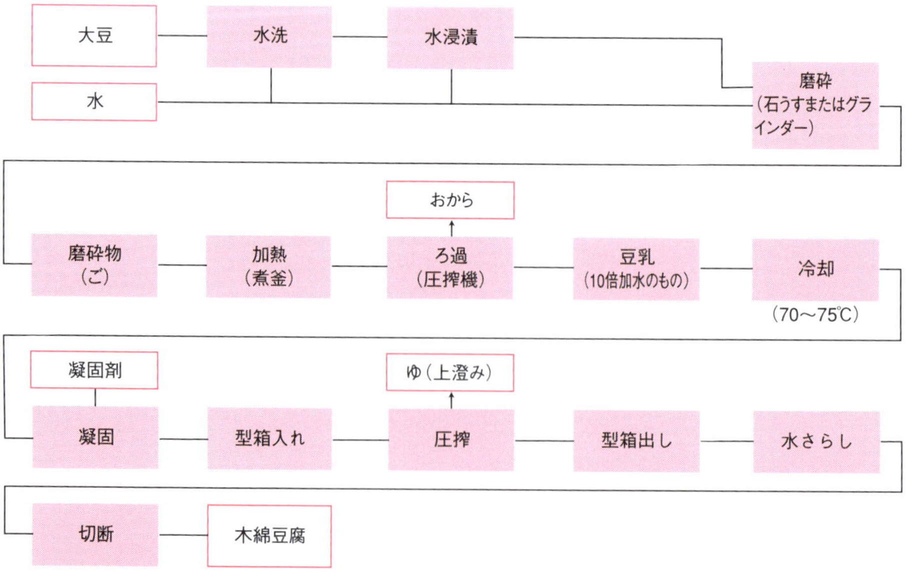

アイスクリームの製造工程

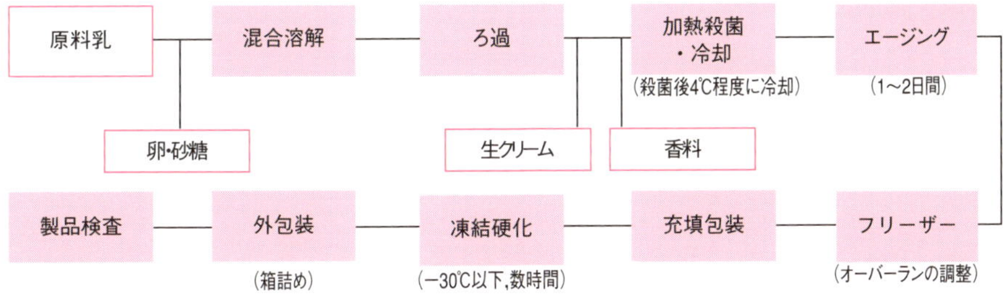
原料乳
卵・砂糖
混合溶解
ろ過
生クリーム
香料
加熱殺菌・冷却
（殺菌後4℃程度に冷却）
エージング
（1～2日間）
フリーザー
（オーバーランの調整）
充填包装
凍結硬化
（−30℃以下，数時間）
外包装
（箱詰め）
製品検査

ソーセージの製造工程

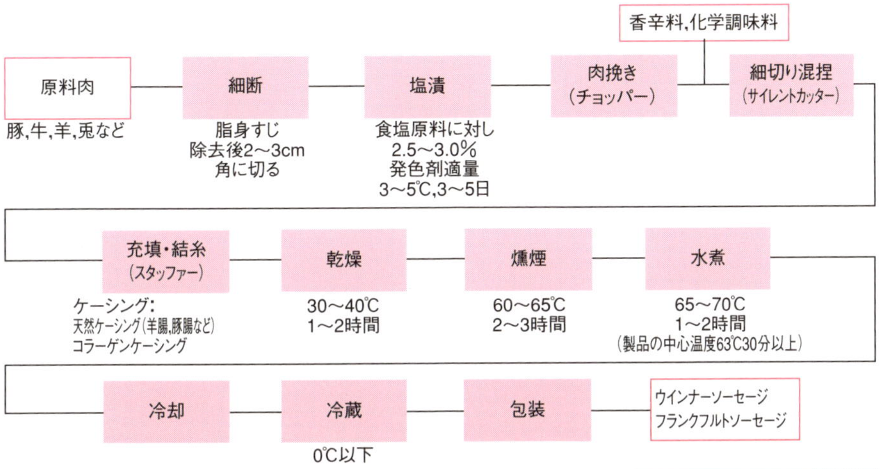
原料肉
豚，牛，羊，兎など
細断
脂身すじ
除去後2～3cm
角に切る
塩漬
食塩原料に対し
2.5～3.0％
発色剤適量
3～5℃，3～5日
肉挽き
（チョッパー）
香辛料，化学調味料
細切り混捏
（サイレントカッター）
充填・結紮
（スタッファー）
ケーシング：
天然ケーシング（羊腸，豚腸など）
コラーゲンケーシング
乾燥
30～40℃
1～2時間
燻煙
60～65℃
2～3時間
水煮
65～70℃
1～2時間
（製品の中心温度63℃30分以上）
冷却
冷蔵
0℃以下
包装
ウインナーソーセージ
フランクフルトソーセージ

かまぼこの製造工程

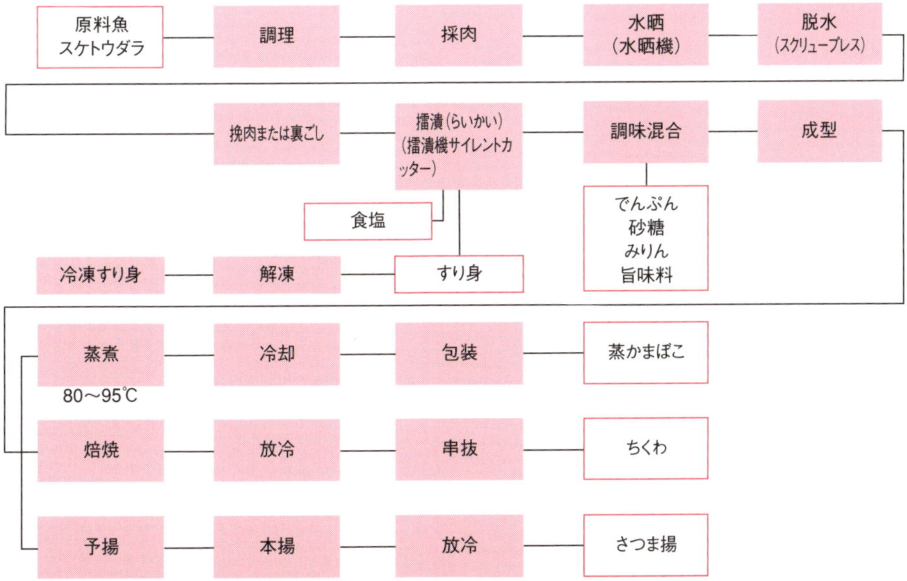
原料魚
スケトウダラ
調理
採肉
水晒
（水晒機）
脱水
（スクリュープレス）
挽肉または裏ごし
擂潰（らいかい）
（擂潰機サイレントカッター）
食塩
冷凍すり身
解凍
すり身
調味混合
でんぷん
砂糖
みりん
旨味料
成型
蒸煮
80～95℃
冷却
包装
蒸かまぼこ
焙焼
放冷
串抜
ちくわ
予揚
本揚
放冷
さつま揚

濃口醤油の製造工程

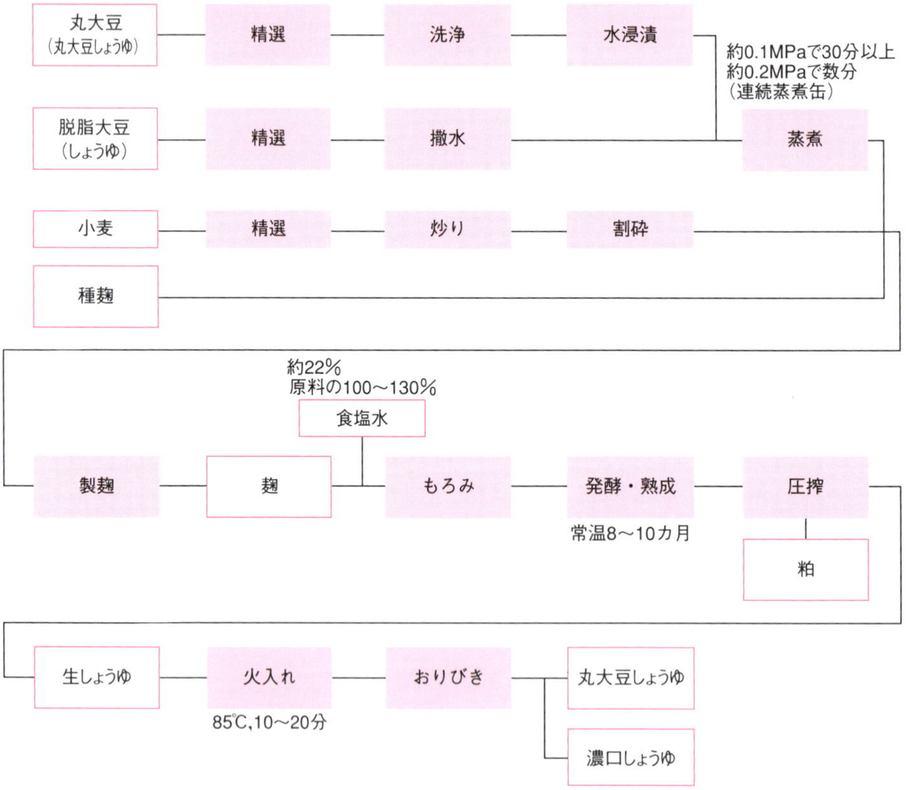

丸大豆
（丸大豆しょうゆ）
精選
洗浄
水浸漬
約0.1MPaで30分以上
約0.2MPaで数分
（連続蒸煮缶）
脱脂大豆
（しょうゆ）
精選
撒水
蒸煮
小麦
精選
炒り
割砕
種麹
約22%
原料の100〜130%
食塩水
製麹
麹
もろみ
発酵・熟成
常温8〜10カ月
圧搾
粕
生しょうゆ
火入れ
85℃,10〜20分
おりびき
丸大豆しょうゆ
濃口しょうゆ

チョコレートの製造工程

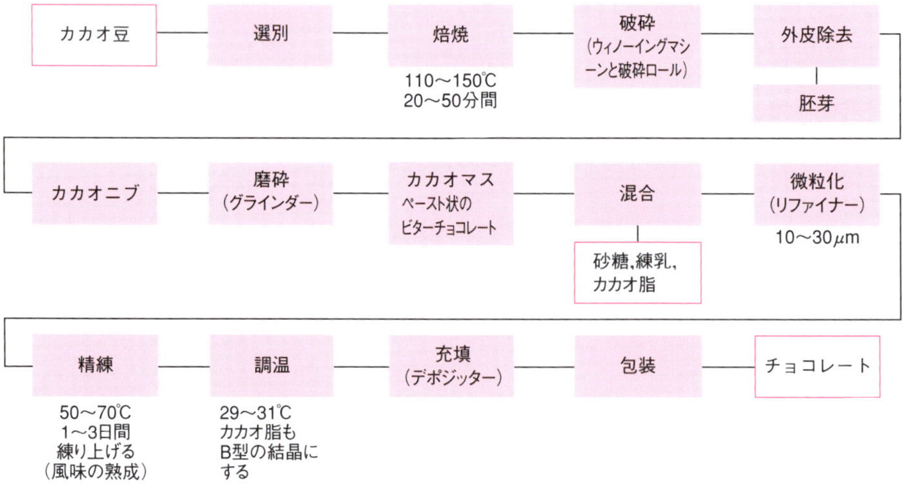

カカオ豆
選別
焙焼
110〜150℃
20〜50分間
破砕
（ウィノーイングマシーンと破砕ロール）
外皮除去
胚芽
カカオニブ
磨砕
（グラインダー）
カカオマス
ペースト状の
ビターチョコレート
混合
砂糖,練乳,
カカオ脂
微粒化
（リファイナー）
10〜30μm
精練
50〜70℃
1〜3日間
練り上げる
（風味の熟成）
調温
29〜31℃
カカオ脂も
B型の結晶に
する
充填
（デポジッター）
包装
チョコレート

カップラーメンの製造工程

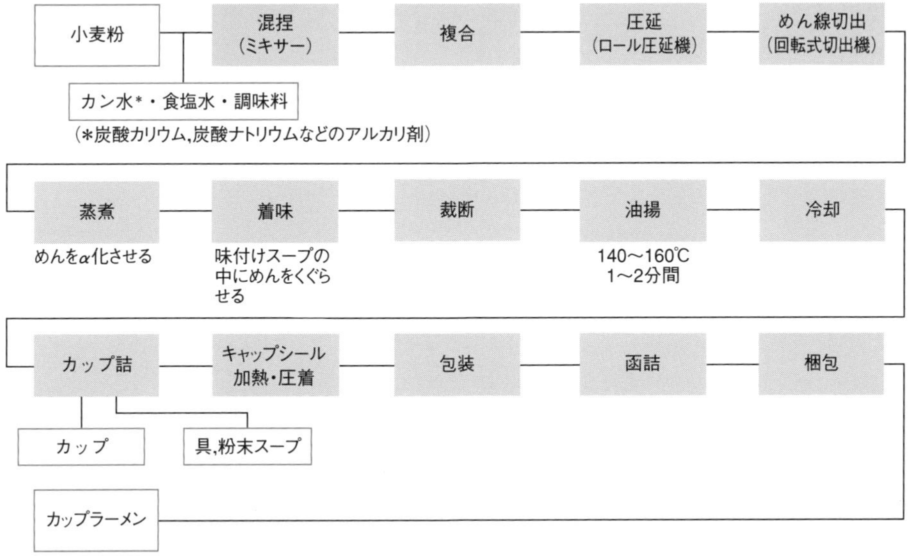

小麦粉
混捏
（ミキサー）
複合
圧延
（ロール圧延機）
めん線切出
（回転式切出機）
カン水*・食塩水・調味料
（*炭酸カリウム,炭酸ナトリウムなどのアルカリ剤）
蒸煮
めんをα化させる
着味
味付けスープの中にめんをくぐらせる
裁断
油揚
140〜160℃
1〜2分間
冷却
カップ詰
カップ
具,粉末スープ
キャップシール
加熱・圧着
包装
函詰
梱包
カップラーメン

参考文献

青柳康夫ら：食品学総論，建帛社（2000）
阿久澤良造ら（編著）：乳肉卵の機能と利用，アイ・ケイ　コーポレーション（2007）
荒井綜一（編）：食品学総論，樹村房（2004）
五十嵐　脩ら：丸善食品総合辞典，丸善（1998）
石田和夫ら：イラスト食品衛生学，東京教学社（2007）
伊藤三郎：果実の科学，朝倉書店（1999）
伊藤　均：放射線と産業114，（財）放射線利用振興協会（2007）
岩田　隆ら：食品加工学，理工学社（1996）
海老原清，大槻耕三（編）：食品加工学，講談社サイエンティフィク（2006）
小川　正・的場輝佳：食品加工学，南江堂（1996）
沖谷昭紘（編）：肉の科学，朝倉書店（1996）
小原哲二郎（編）：食用油脂とその加工，建帛社（1981）
（財）外食産業総合調査研究センター：外食産業統計資料集2007年版
加藤博通ら：新農産物利用学，朝倉書店（1987）
加藤博通・倉田忠男（編）：食品保蔵学，文永堂出版（1999）
金田尚志・五十嵐脩（編）：食品加工学，光生館（1988）
亀和田光男ら（編）：乾燥食品の基礎と応用，幸書房（1997）
鴨居郁三（監）：食品工業技術概説，恒星社厚生閣（2001）
河田昌子：お菓子「こつ」の科学，柴田書店（2005）
木村　進：食品包装（PACKPIA）8月号，日報アイ・ビー（2005）
倉澤文夫：米とその加工，建帛社（1982）
原子力委員会食品照射専門委員会：原子力委員会食品照射専門委員会（2006）
小林哲二郎，細谷憲政（監）：簡明食辞林，樹村房（1997）
五明紀春ら：食品加工学，理工学社（1996）
佐久間勉・津田盛也；ポストハーベスト〔I〕果実編，広川書店（2000）
清水　潮ら（編）：食品危害微生物ハンドブック，サイエンスフォーラム（1998）
「食品トレーサビリティシステム導入の手引き」改訂委員会：食品トレーサビリティシステム導入の手引き（2007）
菅原龍幸ら：食品加工学，建帛社（2005）
須山三千三・鴻巣章二（編）：水産食品学，恒星社厚生閣（1993）
総務省統計局：2000年　国勢調査（2000）
高野克己（編）：食品学各論，樹村房（2002）
高野光男・横山理雄監修：新殺菌工学実用ハンドブック，サイエンスフォーラム社（2002）
高橋礼治：でん粉製品の知識，幸書房（1996）
高宮和彦：野菜の科学，朝倉書店，（1997）
竹生新治郎（監）：石谷孝佑・大坪研一（編）：米の科学，朝倉書店（1995）
津志田藤二郎：食品と劣化，光琳（2003）
露木英男ら：食品製造科学，建帛社（1994）
永井　毅・鈴木喜隆：驚異の水産物パワー，水産社（2003）

中村　良ら：現代の食品化学，三共出版（1985）
(社）日本油化学協会：油化学便覧，丸善（1990）
(社）日本缶詰協会（編）：缶・びん詰，レトルト食品のすべて，（株）日本食糧新聞社（2007）
日本原子力文化振興財団：食品の放射線処理，日本原子力文化振興財団（2003）
日本食品保蔵科学会（編）：食品保蔵・流通技術ハンドブック
日本食品工業学会（編）：新版食品工業総合事典，光琳（1993）
農業技術バーチャルミュージアム：食品加工技術発達史（http://trg.affrc.go.jp/v-museum/history02/history02.html），(2003)
橋詰和宗ら：大豆とその加工Ⅰ，建帛社（1992）
東　和男（編），発酵と醸造Ⅲ，光琳，(2004)
福田　裕ら（監）：全国水産加工品総覧，光琳（2005）
福場博保，小林彰夫（編）：調味料・香辛料の事典，朝倉書店（2002）
藤田　哲：食用油脂—その利用と油脂食品—，幸書房（2000）
藤巻正生：食料保蔵学，朝倉書店（1980）
藤巻正生ら（編）：食料工業，恒星社厚生閣（1985）
藤本滋生：澱粉と植物—各種植物澱粉の比較—，葦書房（1994）
保坂秀明：化学工学の進歩14，食品化学工学，槇書店（1980）
本間清一，村田容常（編）：食品加工貯蔵学，東京化学同人（2007）
前田安彦：漬物学，幸書房（2002）
松本信二：食品加工貯蔵学，東京化学同人（2004）
松本信二ら：食品製造，実教出版（2003）
松本　博：図解食品加工学，医歯薬出版（1988）
宮沢文雄ら：食品衛生学，建帛社（2006）
森田重廣（監）：食肉・肉製品の科学，学窓社（1992）
森　孝夫（編）：食品加工学，化学同人（2003）
柳原昌一：食用固形油脂—製パン・製菓のための油脂，建帛社（1975）
山内文男・大久保一良：大豆の科学，朝倉書店（2000）
吉沢　淑ら（編）：醸造・発酵食品の事典，朝倉書店（2004）
吉田敏治，渡辺　直：図解貯蔵食品の害虫，全国農村教育協会，(1991)
渡辺尚彦：食品工学基礎講座5，加熱と冷却，光琳（1991）
渡邊乾二（編著）：食卵の科学と機能，アイ・ケイコーポレーション（2008）

索　引

<さ>

<た>

＜な＞

＜は＞

食品加工技術概論（しょくひんかこうぎじゅつがいろん）

2008年11月10日　初版1刷発行
2012年3月10日　2刷発行
2015年3月1日　3刷発行

（定価はカバーに表示）

高野克己（たかのかつみ）・竹中哲夫（たけなかてつお）編

発行者　片岡一成
印刷所・製本所　株式会社シナノ
発行所　株式会社恒星社厚生閣

〒160-0008　東京都新宿区三栄町8
TEL：03（3359）7371（代）
FAX：03（3359）7375
http://www.kouseisha.com/

ISBN978-4-7699-1088-6 C3058